U0016520

備孕聖經

中醫教你養卵、養精、養子宮

宜蘊中醫 陳玉娟 院長／著

感謝我的母親生養我，

給我受教育的機會；一路上師長的教導；

以及結婚後支持我的伴侶跟兩個孩子。

最後謝謝宜蘊的夥伴及走進診間的個案，

沒有你們，就沒有這麼動人的故事！

宜蘊、宜孕，好孕故事持續發生！

推薦序　少子化時代，不孕症夫婦的指引明燈　陳榮洲教授　006
推薦序　孕路上的福音　陳雅吟醫師　008
專業推薦　010
前言　中西醫相輔相成，圓滿為人父母的心願　012

Chapter 1
懷孕前的準備
◎女性檢查項目　019
◎男性檢查項目　022
◎中西醫各有所長　023
◎備孕Ｑ＆Ａ　026
◎成功案例經驗分享　030

Chapter 2
認識體質
◎中醫體質分類　042
◎九大體質建議飲食　054

Chapter 3

備孕六大體質與體質檢測

◎備孕體質檢測 060
◎六大體質調理 066

Chapter 4

月經週期與基礎體溫量測

4-1 了解月經週期 072
4-2 基礎體溫 078

Chapter 5

提升卵實力

5-1 如何養出好卵子？ 096
5-2 卵巢早衰SOS，重質不重量 106
5-3 數大不是美的多囊性卵巢症候群 120
5-4 內分泌失調引起無法正常排卵 127
5-5 卵巢功能的隱形殺手——慢性反覆陰道發炎 131

Chapter 6
調理子宮內膜
6-1 中醫如何養出好內膜？ 138
6-2 子宮內膜異位症 147
6-3 反覆性流產 153

Chapter 7
養精蓄銳
7-1 搶救精蟲大作戰 162
7-2 亞健康狀態 178
7-3 中醫如何養精？ 184
7-4 好孕分享 190

Chapter 8
試管嬰兒療程中西醫合作成功案例分享 197

後記　給即將進入更年期的我及在青春期的兩個孩子 215

推薦序
少子化時代，不孕症夫婦的指引明燈

陳榮洲教授

陳玉娟院長早年畢業於中國醫藥大學學士後中醫學系，學生時代曾實習於彰化秀傳紀念醫院中醫部，當時余任職秀傳紀念醫院中醫部副院長，其受過很好的中醫教學訓練，畢業後北上行醫，於北醫從事中醫婦科臨床診療工作，因表現優秀，升上中醫婦科主任，於不孕症治療，與西醫不孕生殖中心合作，造福許多不孕媽媽，有「好孕大長今」的美稱。後被禾馨宜蘊生殖中心聘為宜蘊中醫診所院長，專精試管嬰兒的中西合作治療。

本書是玉娟院長累積二十年臨床經驗的智慧結晶，對於少子化時代，高齡結婚想蘊育寶寶的母親是一大福音，是不孕症夫婦的指引明燈：太太養卵，先生養精，夫婦養子宮。因高齡的卵子及多囊卵巢可能卵子品質出問題；高齡的先生精力衰退，因抽菸喝酒咬檳榔、吃生冷喝啤酒、晚睡、工作壓力等生活作息不正常，將殃及精液品質致精蟲活動力不足。若夫婦飲食調理得當，對於子宮內膜異位症配合醫師的治療，善養月經後子宮內膜的滋養發育，當有助於受孕，這些問題在本書中，陳院長為六大不孕體質的人都提供了答案。

值此出版之期，品嚐陳院長爲不孕媽媽之辛勞著作，可謂長江後浪推前浪，是現代不孕媽媽之幸。

（本文作者爲中醫內科博士、中國醫藥大學教授）

推薦序
孕路上的福音

陳雅吟理事長

陳玉娟醫師是我在中國醫藥大學學士後中醫系的學妹，目前也是中醫婦科醫學會的秘書長（我的好幫手！）。在我心目中，她是一個充滿愛心、非常細心且醫術高明的好醫師，這本《備孕聖經：中醫教你養卵、養精、養子宮》記錄了她行醫二十年、對不孕症治療的心得及經驗，當我拿到書稿後，便仔仔細細地從頭到尾閱讀完畢，深深覺得這本書不只可以提供指引給苦於生育問題的夫妻，對臨床從事醫療的同道們、更是一本值得參考的經驗談。

本書在第一章〈懷孕前的準備〉就說明了男女雙方檢查的必要性及各別項目；對爲什麼要做這些檢查都有深入淺出的說明，並佐以實例來促進了解，這讓在不孕症治療路上徬徨的夫妻，由此可以踏出安心的第一步。接著在〈認識體質〉及〈備孕六大體質與體質檢測〉的章節中，陳玉娟醫師除了清楚解說體質的分類特性，並提供六大體質檢測及飲食建議，這不但可以讓備孕民眾藉此初步認識自己的體質特徵，同時也可以依照建議開始進行飲食調整，縮短在求子路上耗費的時間；當然、體質的判定背後需要有深厚的中醫學養支持，因此仍需要專業中醫師來作最後的認定及治療。

臨床上中醫助孕必先調經，中醫調經常用的「月經週期療法」，是結合中醫基礎理論及現代醫學對女性生理荷爾蒙變化而發展出來的治療方法。這種月經週期療法若搭配基礎體溫的紀錄，不但有助於中醫師掌握患者在月經週期各個階段陰陽氣血的變化，而且是女性最經濟實惠的自我身體檢查。在這本書中，玉娟醫師有系統的解釋基礎體溫與月經週期、荷爾蒙高低、卵巢與子宮內膜變化的關係，並以實際圖例解釋基礎體溫代表的意義、及如何有效測量，這讓人可以提升對自我身體的覺察能力，非常值得女性朋友好好研讀這個章節！

依我三十多年的行醫經驗，深深感覺中醫與西醫在治療不孕症上各有所長，結合中西醫治療，彼此可以相輔相成，不但可以少走冤枉路，更可以提升治療成功的機率及增加經濟效益。中醫在體質調整、養卵、養精及調整子宮內膜方面，已有許多醫學研究證實確有療效；對進入西醫人工生殖療程的婦女，配合中醫的照護，更可以提升卵子的品質及數量、增加受孕率；而胚胎植入子宮後，無論在孕程早期、中期、晚期，中醫都可以發揮助孕安胎的功能，在玉娟醫師分享的諸多實例中，更可獲得佐證。另外，男性因素也是影響求子成功的關鍵之一，透過〈養精蓄銳〉的章節，可知道如何評估及促進男性生育能力，及在什麼情況下需要西醫的介入治療。

總之，此本《備孕聖經》具有全面的中西醫專業建議，無論是正在求子、或是即將踏入婚姻、抑或是關心自我健康的讀者，本書非常值得一讀！

（本文作者爲中醫婦科醫學會理事長）

【專業推薦】

「工欲善其事，必先利其器。」不孕夫妻如果手中能有一本陳玉娟醫師整合中西醫知識與實務經驗的《備孕聖經》，在求子的過程中絕對是事半功倍，水到渠成的。

——宜蘊生醫董事長、全福生技董事長、台睿生技董事長林羣

許多人會有這樣的迷思：中醫與西醫是沒有交集的兩派。偏偏我自己是一位婦產生殖專家，飽受多次流產之苦、孕期各種不適，以及坐月子的修復，完全仰賴「好孕大長今」陳玉娟院長對我的調理。透過書裡的眞實故事，讓我們一起體會她用「心」看診的藝術，品嚐自古以來中醫學以柔制剛的奇幻魔力。

——禾馨宜蘊生殖中心陳菁徽院長

《備孕聖經》是玉娟院長歷經多在中醫婦產科及不孕症治療的心血結晶。全書分八個章節，介紹如何以中醫藥的角色來養卵、養精、養子宮，同時也有精彩之案例分享。我很樂於推薦給備孕中的朋友們。

——戴承杰中醫診所院長、台北醫學大學醫學院兼任教授戴承杰

這是一本溫馨而詳盡的備孕參考書。在這少子化的時代，備孕是每位想孕育優質的下一代的夫婦重要課題！

陳玉娟醫師是一位細心溫柔而有學養的好醫生，在本書中從中、西的角度帶你了解中、西醫的優點，且從受孕的機轉要件及其重要檢查項目、要點娓娓道來讓人了解。對中西不同優勢非常細膩的解說，由淺至深，使讀者易懂且分別從男女不同的孕育條件來細談。眞可謂用心良苦！

最後祝每對祈盼孕育優質下一代的人能如願以償！

——中醫婦科醫學會創會理事長徐慧茵

與玉娟醫師爲學姊妹關係，攜手在中醫婦科領域中相互切磋、一起精進！欣喜玉娟醫師將自身經驗與臨床所得集結成書，鼓勵受「不孕」困擾的夫妻，也讓中醫婦科臨床醫師有所學習！實屬好書！

——黃蘭媖中醫診所院長黃蘭媖

當你翻開這本書的這一刻起，恭喜你！你比別人更早知道如何愛自己、認識自己！現代社會偏向晚婚、晚生，因此不孕症盛行率越來越高，必須透過人工生殖技術來協助受孕。坊間、網路有眾多資訊可閱讀，但！哪個方法適合自己？怎麼做才正確？多少人內心冒出問號。我始終相信老祖宗的智慧，中醫溫性調養搭配西醫療程必能成功養卵、養精，養子宮。

我從陳院長在北醫時期一路跟到現在的「宜蘊中醫」看診調養身體，院長視病如親，更如鄰家姊姊般親切問診，在調養體質路上輕鬆許多。不管你是否正走在準備結婚、備孕或人工生殖這條路上，多了解自己，也才能心想事成！

——東森新聞主播林季瑩

前言

中西醫相輔相成，圓滿為人父母的心願

二十歲那年，拜健保開辦之賜，我開始在各大醫院間尋找從高中以後困擾我的乳漏（乳頭有乳汁泌出）問題，發現自己的泌乳素過高，還好腦下垂體沒有發現腫瘤。雖然不是絕症，但是醫師建議服用當時還在試驗階段的降泌乳素藥物，並告知可能會有不孕的問題。我帶著無限的疑惑離開診間；我很喜歡小孩，也希望有自己的家庭跟孩子。要用什麼方法才能擁有自己的孩子？

大四那年，我選修了藥用植物學，希望了解除了純化的藥物以外，是不是還有其他方式可以療癒人的身體，也開啓了我對中草藥的興趣，並且轉讀中醫。藉由師長的指導與自己的摸索，迎來了一兒一女。其實我也不是容易受孕的人，生老大的時候因爲產後大出血，差點就回不來了，也讓我先生遲遲不敢再想有第二胎；隨著兒子長大，可愛暖心的舉止，讓我很貪心的想要再生個女兒。經過一連串的身體檢查，發現沒什麼問題，因此跟先生努力地按表操課，終於女兒來報到了！生養孩子可以說是我人生規畫的一部分，也是我從事這份工作的動機，述說這段歷程是想讓大家深刻地知道我是投入了多大的心力來迎接與期待孩子！我唯一有利的條件就是提早開始準備。

隨著孩子的長大，父母不再是孩子生活中的全部，也讓我開始思索對孩子的態度和自己職場的方向。紀伯倫在《先知》裡提到：

> 你的孩子不是你的，他們是「生命」的子女，是生命自身的渴望。他們經你而生，但非出自於你，他們雖然和你在一起，卻不屬於你。你可以給他們愛，但別把你的思想也給他們，因爲他們有自己的思想。你的房子可以供他們安身，但無法讓他們的靈魂安住，因爲他們的靈魂住在明日之屋，那裡你去不了，哪怕是在夢中。你可以勉強自己變得像他們，但不要想讓他們變得像你。因爲生命不會倒退，也不會駐足於昨日。你好比一把弓，孩子是從你身上射出的生命之箭。弓箭手看見無窮路徑上的箭靶，於是祂大力拉彎你這把弓，希望祂的箭能射得又快又遠。欣然屈服在神的手中吧，因爲祂既愛那疾飛的箭，也愛那穩定的弓。

了解孩子也是個獨立個體，把空間給自己和孩子後，除了醫院的教學、研究、服務以外，我開始寫臉書粉專「好孕大長今 陳玉娟中醫師」，記錄門診中發生的故事。很多女性朋友在「生育」這個關卡過得很艱辛，但是對通過這個關卡的媽媽來說，考驗才剛開始。深深同意非洲一句諺語：「養育一個孩子，需要全村的力量。」在醫院同事、志工的幫忙下，讓我的職場工作經驗可以累積而不中斷，現在在診間我們也形成一個龐大的後援系統，從產檢、寶寶用品的選擇、月子中心、保母、托育的資訊到學齡孩子的學校、課程選擇，幾乎都可以提供諮詢協助。因此我也常跟這裡備孕、產後的媽媽們說「歡迎把宜蘊中醫當作自己的第二個娘家，隨時可以回來休息，短暫的把自己抽離當下的處境，充電後再出發」！

少子化動搖國本，政府推動擴大不孕症治療（試管嬰兒）補助，加上民眾已經漸漸能接受利用人工輔助生殖方式讓寶寶來到人世的想法。因此我萌生了一個念頭，就是寫一本給想當爸媽的夫妻們關於中西醫整合備孕的書籍。坊間關於助孕的中醫保健書籍很多，大部分適用於自然受孕的狀況，不過很多器質上有問題的夫妻，必須透過人工生殖技術來協助受孕，需要一本完整介紹中西醫結合治療的備孕書籍。

這本書從我臨床二十年的經驗出發，在門診中遇到各種不同問題引起的不孕狀況，其中不乏卵巢早衰、多囊性卵巢症候群、子宮肌腺症、巧克力囊腫、雙角子宮、輸卵管阻塞、骨盆腔感染、甲狀腺內分泌系統異常、乳癌、自律神經失調的女性患者及男性精索靜脈曲張、精蟲數目不足、精蟲活動力不足及精蟲型態異常的患者，在未能順利懷孕或反覆流產、植入失敗時會來尋求中醫備孕的協助。

中醫的特色在於調整身體體質，在本書中先分享我用中醫的方法幫助他們順利自然懷孕的故事，再用一個章節分享中醫搭配人工生殖輔助成功受孕的案例，提供求子夫妻調養身體、養卵、養精、養子宮等方面的協助，也讓備孕夫妻有信心利用中西醫相輔相成的治療方式，達到他們爲人父、母的心願。也很感謝在中西醫合作的協助下順利生下健康可愛寶貝的媽媽熱心分享她們的心路歷程，鼓勵備孕路上的夫妻們。更多感人的好孕故事，歡迎觀看臉書粉專「好孕大長今 陳玉娟中醫師」及IG「dr.chenyuchuan」。

隨著女權意識提升，越來越多女性朋友在教育、職場上表現可圈可點，行事曆上滿滿的計畫，卻忘記了將生育放進生涯規畫，或是太晚遇到Mr.Right，還有一些因爲疾病、家庭等林林總總的問題，耽誤了適合生育的時機。

雖然現在的生殖技術非常進步，各種聲稱逆齡、回春的產品，還是很難克服卵子老化的問題，想想看爲什麼國民健康署要訂三十四歲以上婦女補助羊膜穿刺？由統計數據可以看出三十歲以上的卵子染色

【圖 前言 -1】

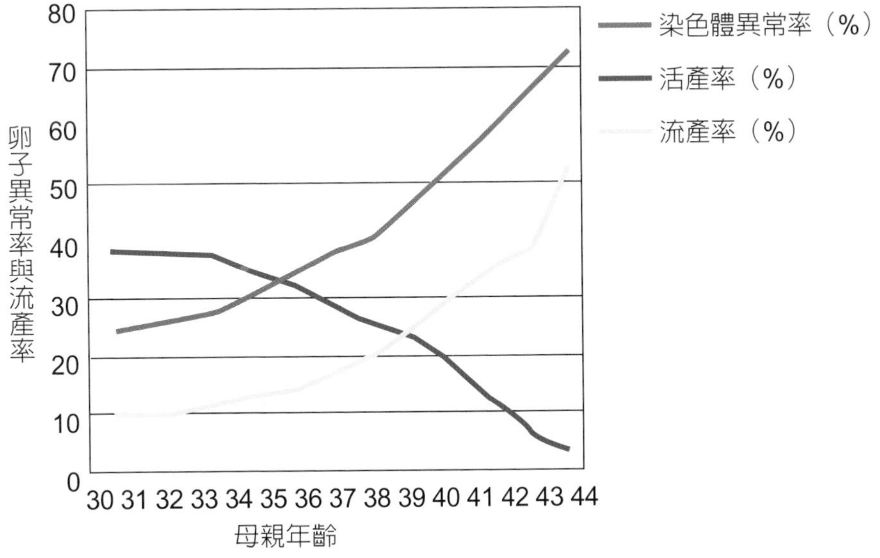

圖註：30 歲以上的卵子染色體異常率逐漸攀升，在 35 歲之後有三分之一染色體異常的機率。

體異常率逐漸攀升，在三十五歲後有三分之一染色體異常的機率，因此基於優生，建議三十四歲以上婦女在懷孕16至18週時做羊膜穿刺檢查，當然現在有更先進的母血晶片基因檢查，可以及早發現胚胎異常。擁有健康的寶寶是父母最大的盼望，如果好不容易懷孕了，又因為優生而中止妊娠、或胚胎還是媽媽本身不健康而流產、早產，對想當父母的夫妻來說既傷心又傷身。

這幾年診間的生態發生很大的變化，以往幾乎都是女性單獨就診。隨著男女平權的觀念，男性在家庭中扮演的角色也開始多元，男性也想在教養下一代上盡心、出力！門診中很多是夫妻一起調理身體的，也看到很多貼心的丈夫會為太太記錄基礎體溫、月經週期生理變化，積極參與治療，他們也很明白地表達對太太施打排卵針劑時生理變化及心理壓力的不捨，願意為優生的下一代多盡一份力量。從衛生福利部國民健康署一〇八年人工生殖個案不孕原因的資料裡發現，不孕的原因約有三分之一是卵巢因素，五分之一是子宮、輸卵管等女性因素；另外三分之一是多重因素，還有一成是男性因素，多重因素裡有些是不明原因精卵無法相結合，可見未來爸爸們改善精蟲、精液的微環境，對胚胎的發育也占了一半的貢獻！

再次呼籲大家正視生育問題，將生育計畫放進自己的人生規畫裡，我們知道隨著年齡增加，精子、卵子的品質會大幅降低，何況孩子出生後也需要充足的體力養育他們！希望這本書可以幫助正在求子、準備結婚，以及關心生育問題的讀者們，了解自己的身體、生育年齡，在求子的路上順利成功！還沒有生育計畫的先生、小姐們，也可以藉由書裡的章節內容，保養自己的身體，讓「生理年齡」維持在年輕狀態！

Chapter 1
懷孕前的準備

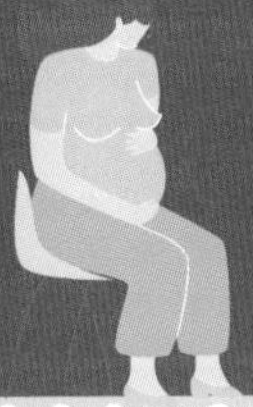

還記得我曾經在臨床遇到一位太太，調整身體一年，各種狀態都覺得很完美了，還是無法懷孕，結果請先生去做檢查，發現是無精症，還好藉由手術取精成功，現在也擁有了夢寐以求的寶寶！這也是我一直很鼓勵求子夫妻，不管是生育檢查或身體調理，最好夫妻雙方一起進行的原因。兒女雖然是在母親的子宮裡孕育出來的，但基因是由父母雙方各貢獻一半，所以建議夫妻一起來調理身體，共同孕育健康的下一代。

本篇除了介紹男女性常見的生育檢查，也會利用Q＆A說明中西醫一起創造好孕的作法，歡迎備孕夫妻一起閱讀研究！

女性檢查項目

由衛生福利部國民健康署一〇八年人工生殖個案不孕原因的統計資料（請見【圖1-1】）裡發現，不孕的原因約有三分之一是卵巢因素，五分之一是子宮、輸卵管因素，可以看出女性要能受孕必須要有健康的卵子、通暢的輸卵管運送、還有內膜厚度足夠孕育受精卵長大的子宮。因此做備孕檢查時會先**抽血**了解身體荷爾蒙數值是否正常，**照陰道超音波**看基礎卵泡及子宮內大致的狀態，有需要會做子宮鏡確認有無子宮內膜沾黏或息肉的情形，再來就是做**輸卵管攝影**，看看牛郎（精子）與織女（卵子）相遇的鵲橋有沒有搭建好。最後，因爲中醫除了望、聞、問、切（把脈、觸診）以外，沒有很多儀器可以協助診斷，「基礎體溫」便是可以很快幫助中醫師了解女性生理的重要依據，想了解自己身體狀況的女性朋友都可以在家量測。

【圖 1-1】

108 年人工生殖個案不孕之原因（母數：44,256 治療週期數）

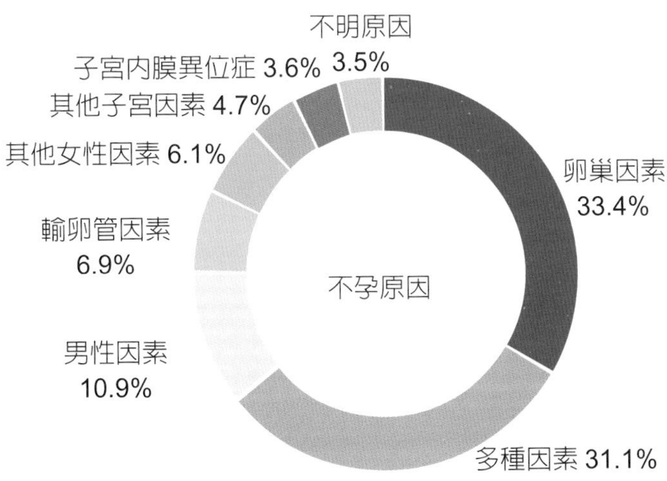

以下就女性的各項檢查簡要說明：

1.抽血檢查：一般月經來潮第二、三天會抽血檢查荷爾蒙（E2、P4、LH、TSH、Prolactin）、披衣菌、另外在申報不孕症治療（試管嬰兒）補助時會做梅毒、愛滋等血液檢查。其實不是只有月經第二、三天才有荷爾蒙，只是在生殖中心，爲了進入人工生殖療程，會驗月經第二、三天的數值。現在很多進入試管療程的方式，有的醫生也會在生理週期不同的時間裡刺激卵泡生長取卵。

很多人會關切「卵巢庫存」指數（抗穆勒氏管荷爾蒙，AMH），這可以用來預估卵巢濾泡數量，對於人工生殖輔助技術是很重要的指標，不過就自然生育來說，只要有一顆品質優良的卵泡跟一隻強壯的精子受精，就有機會發育成胎兒了。在門診中也遇過三十八歲案例，在台北三大醫學中心的生殖門診檢驗，AMH數值均小於0.01，三大生殖中心都建議借卵或領養達成當媽媽的願望，她來門診後，利用中醫調理加上自己量測基礎體溫，三個月後自然懷孕。對於習慣性流產或醫師懷疑有免疫系統、其他問題時，會加驗免疫抗體、凝血指標、CA125等相對應的檢查。

2.超音波檢查：看看子宮是否有肌瘤、子宮肌腺症或巧克力囊腫，卵巢內竇狀卵泡（常聽到的「基礎卵泡」）數目（antral follicle count, AFC）。

3.子宮腔鏡：光是看肌瘤或肌腺瘤怕有遺漏，會用子宮腔鏡檢查是否有子宮息肉、子宮腔沾黏、子宮內膜炎。

4.輸卵管攝影檢查：一般女性很害怕輸卵管攝影，其實沒有沾黏不通，是不會有太強烈的疼痛，而且輸卵管近端輕微不通有可能因爲攝影檢查而疏通。

我的二阿姨也是不易受孕體質，懷表妹及表弟前都去做了輸卵管通氣檢查，結果下個週期就懷孕了。我在臨床上也遇到一些患者輸卵管攝影顯示不通，實際上是因爲太緊張或顯影劑過敏，因此在輸卵管攝影時顯影劑無法通過輸卵管到達輸卵管繖部，被判定不通，這種情形的婦女，還是有機會可以自然受孕的。

不過必須強調，若輸卵管不通就應強烈懷疑曾經有發炎或感染的問題，建議要調理好發炎的狀況，才有辦法讓胚胎順利發育。有時候骨盆腔慢性發炎是沒有症狀的，但是在中醫的觀點會表現出血瘀、濕熱的症狀，比如顏面會有色素沉澱，顏面黯沉或月經前下腹悶痛、肚子下墜感、腰痠、頻尿、下巴青春痘等，所以來中醫門診時會先「清」理子宮環境，就像要改造房間擺設、挪動家具時會打掃房間一樣，胚胎要在子宮裡快快樂樂的待下，也要把子宮裡的環境清理乾淨。

5.基礎體溫：一般都很排斥量測基礎體溫，覺得很麻煩，常會忘記，有時爲了量溫度還緊張到睡不好。但基礎體溫絕對是最佳身體檢測的資料，下一章會詳細說明。

男性檢查項目

1.精液檢查：精蟲的數量、型態、活動力，以及精液的體積、外觀、顏色、黏稠度，液化時間，是否含有紅血球、白血球等。

2.抽血評估：Testosterone、FSH、LH、披衣菌。

3.理學檢查：第二性徵、睪丸大小、精索靜脈曲張、輸精管阻塞等。

男性的檢查大多用問診、觸診，即使做精液檢查，也非常快速、CP值高，所以求子夫妻們若決定要做生育檢查，建議雙方一起進行，避免耽誤生育年齡，還讓太太走了冤枉路。

分享一個先前遇到的案例：有一對夫妻，結婚三年，到生殖中心檢查，發現先生的精蟲品質不佳，太太子宮內膜太薄，只好暫停試管療程。經由介紹來我的門診調理，後來夫妻狀況獲得改善，最後利用人工受孕，成功得女。隔兩年，他們想懷老二了，再度來做檢查，經過生一胎的調理，太太的狀態不錯；先生因爲過度勞累，精蟲表現不佳，因此稍微給小夫妻吃點中藥調整身體，下個月就自然懷老二了！正因爲是雙方一起檢查，一起調理，才能在短時間內達到事半功倍、精益求精的效果！

中西醫各有所長

如果將人的生殖系統比喻爲一座工廠，中醫的著眼點是在「原料」本身，從身體傳遞的訊息去改善原料的品質，希望能生產出優良的產品。西醫則是「生產線」，透過優化生產流程，能盡快把成品生產出來。中西結合，不只要有產品、更要提升良率。

在疾病的定義裡，不能生育並不像一般的生病。生殖醫學有很特殊的地方，有它的時間性，所以也不符合一般民眾想的「調理身體」就可以達到有小孩的目的。所以在協助生育時，中醫也很依賴一些實驗數據、影像診斷，畢竟輸卵管不通，牛郎（精子）、織女（卵子）相遇的鵲橋沒有搭建好，精卵是無法相遇的。子宮是胚胎的房子，提供寶寶在媽媽肚子裡生活兩百八十天的空間，必須提供溫暖、舒適及足夠的養分讓胚胎發育長大，所以子宮肌瘤、子宮肌腺症、子宮型態、內膜厚度；還有陰道、子宮頸口的問題，精蟲無法輸送到輸卵管壺腹部跟卵子相遇，這些檢查可以幫助中醫師評估能不能自然受孕。最後影響最大的就是卵子品質，實驗數據加上基礎體溫表可以讓中醫師心中大略有個譜，需要多久的時間把「原料」準備好。

【圖 1-2】

夫妻想懷孕，該看中醫還是西醫？

我們可以很概略的分四個族群做評估：

族群1：年齡小於三十五歲、月經週期規則但月經量太多或過少、基礎體溫雙相，沒有輸卵管、子宮等器質性的病變，先生的檢查也正常，用中藥調理很快就可以自然受孕。

族群2：三十五歲以下，月經週期不規則或雖然規則但基礎體溫無明顯雙相變化，還是不孕症檢查有異常，因爲年紀輕，可以先用中藥調理三個月到半年，等基礎體溫改善後如果有器質性病變，可以藉由人工生殖方法幫助懷孕。

族群3：三十五歲以上，月經週期規則而且基礎體溫雙相變化，不孕症檢查無異常，調理二到三個月後，狀況不錯可以至生殖中心積極療程助孕。

族群4：三十五歲以上，月經週期不規

【圖 1-3】 四種族群的中醫療效與受孕艱困程度對照

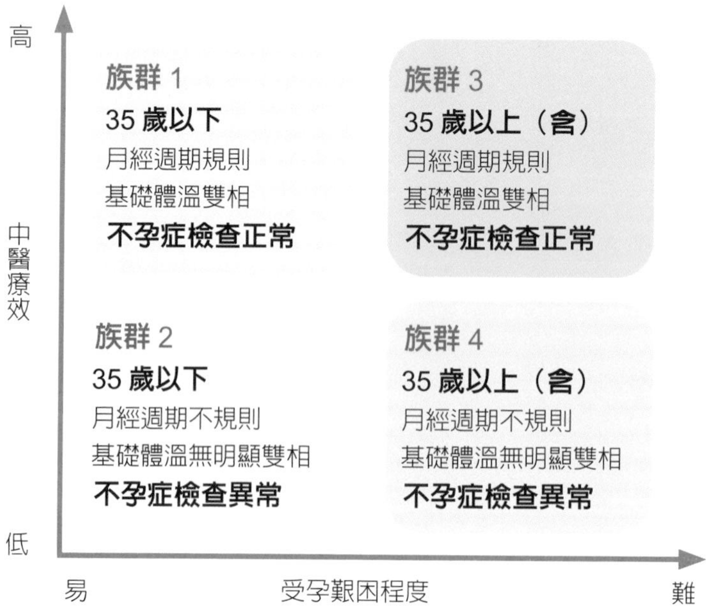

則或雖然規則但基礎體溫無明顯雙相變化，不孕症檢查有異常，建議雙管齊下，中西醫一起聯手治療。

T小姐夫妻做完試管前評估後，屬於族群3，決定在進入療程前先做調理。夫妻一起調理約兩個多月後進入試管療程，取到十四顆卵，其中有十顆胚胎順利培養到等級不錯的囊胚。下個週期植入，胚胎也順利長大！女兒一歲多後，準備生第二胎，繼續回來中醫把身體調理好，再植入年紀較輕時準備好的胚胎，相信很快就有好結果了。T小姐屬於中西醫結合助孕成效最好的族群，醫師治療有成就感、個案優質胚胎多，非常鼓勵CP值高的族群2和3的女性朋友採用中西結合方式。

根據調查，不孕症夫妻進入試管療程前，通常經過2到6年的「嘗試期」，這2到6年間，中醫、宗教信仰、朋友推薦都是他們的選項，這個族群分類可以讓準備生育的未來媽媽們心裡有個底。另外先生的部分雖然只有精液分析跟精索靜脈曲張檢查，但是很多研究也發現先生即使精液檢查正常，高齡仍會造成較高比例的下一代身心不平衡狀態，例如身體抵抗力差、情緒障礙等。目前都會鼓勵夫妻及早規畫，一起調理身體，共同爲打造優生下一代努力！

Q&A

1.備孕可以同時看中醫及西醫嗎？

中西醫一起備孕，可以事半功倍。中醫在養卵、養子宮、造精、養精有良好的效果，在療程的不同階段中醫的用藥會不同，需要跟醫師溝通清楚。

2.服用中藥與西藥要間隔多久呢？

西藥的劑型多元，口服的可以和中藥隔開半小時到一小時。針劑、塞劑類型的，則不影響。另外很多人會服用保健食品，可以詢問自己的醫師是否需要間隔時間服用。

3.打排卵／破卵針時，還能吃中藥調理嗎？

有經驗的中醫師會針對你的情形判斷是否需要使用中藥，原則上是不衝突的，但是月經週期不同階段用藥不同，例如月經期跟排卵期服用的藥物可能不一樣，必須先跟中醫師說清楚生殖療程進行到什麼階段。

4.長期吃中藥是否會對身體造成影響？

中藥經過數千年的使用，有一套辨證系統，由合格中醫師開立並不會造成身體負面的影響。

5.夫妻調整飲食、生活習慣後，多久可以看到進步呢？

精蟲約三個月就會有一批新的生力軍，卵子也需要三個月左右才能成熟，除了飲食、運動外，女性量測基礎體溫也可以更了解身體的變化。

6. 常手腳冰冷，對備孕有影響嗎？

手腳冰冷有兩種，一種是過度緊張，末梢神經緊繃影響血流；一種是氣血虛弱，無法供應足夠的熱能，兩者都不利懷孕，但治療方向大不相同，醫師問診時，必須溝通清楚。

7. 夫妻平時愛吃冰／喝冷飲，會影響備孕嗎？

不論男女，吃冰、喝冷飲都會影響體內的血液循環，長期下來血流供應異常，精蟲的製造也會出問題，自然不易受孕。

8. 夫妻一起調理，吃中藥、針灸，多久可以見效？

經過生殖檢查無異常的夫妻，約三個月到半年。

9. 夫妻平時愛吃重口味（重鹹、重辣），對備孕有影響嗎？

喜歡重口味的人，不分男女，多為濕熱體質，容易造成男性精蟲活動力差、女性骨盆腔發炎，自然無法生育，建議淺嘗即止。

10. 生活壓力大、晚上常睡不好影響備孕，中醫可以調理嗎？

壓力大，在中醫來說容易肝鬱氣滯，使用中藥不但可以安神助眠，改善精、卵的品質，而且沒有安眠藥的成癮性及副作用！

11. 聽說備孕不能吃冰冷的食物（冰、生魚片、涼麵），是真的嗎？

生魚片、生冷食物不但影響身體的血液循環，另一方面還要擔心寄生蟲或病菌滋生的問題，不僅備孕期間，平時也應盡量避免。

12. 備孕禁忌有哪些？

飲食上避免生冷、燒烤、炸辣及甜食，平日避免情緒起伏過大、壓力過大、熬夜，另外避免在高溫期行房。

13. 備孕期間，夫妻只能喝溫水嗎？

夏天常溫的水對身體來說已經是涼的，真的無法飲用溫水，可以飲用常溫的水。此外對於不習慣喝溫水的人，剛開始選用些適合體質的保健茶飲也可以增加喝溫水的動機。

14. 吃中藥調理，有什麼飲食禁忌嗎？

理論上不要生冷、太過刺激的食物，如果服用人參等高貴藥材，不要跟白蘿蔔一起食用。可以詢問開處方給你的中醫師。

15. 備孕吃中藥調理，可以搭配保健品（Q10、DHEA等）嗎？

保健品與中藥的作用不一樣，一起使用對備孕有加成的效果喔！

16. 多吃黑豆／豆漿，對備孕有幫助嗎？

黑豆、黃豆都富含蛋白質及異黃酮，可以讓子宮內膜增厚、卵子品質改善，但是有子宮肌瘤、子宮內膜異位症的女性要慎用。

17.聽說吃山藥可以幫助備孕？

山藥補脾、肺、腎，在中醫助孕時常用，如六味地黃丸、左右歸丸等。不過山藥富含澱粉，需要體重控制的朋友要小心。

18.每天熱水泡腳，對備孕有幫助嗎？

老中醫常說身體要好，頭要冷、足要暖。現代人久坐、運動少，足部循環差，泡腳對備孕是有幫助的。

19.什麼是艾灸？聽說艾灸對備孕有幫助是真的嗎？

燃燒艾草製成的艾絨，達到溫經散寒通絡暖宮的效果。因為空汙法的緣故，目前多使用精油按摩或穴位敷貼、紅外線加熱的方式進行。

20.什麼是薰臍？聽說薰臍對備孕有幫助是真的嗎？

肚臍是中醫的神闕穴，表皮薄容易穿透，在肚臍敷貼艾草產品並用紅外線照射，達到溫暖子宮、促進卵泡發育的效果。虛寒體質男性也適用喔！

21.長輩推薦我常喝人參雞湯、燕窩、魚翅等補品，對備孕有幫助嗎？

氣血虛弱的女性，使用人參是有幫助，不過懷孕初期不適用。燕窩、魚翅富含生長因子，易長肌瘤的體質慎用。

成功案例經驗分享

備孕求子的過程酸甜苦辣，只有眞正嘗過的人才知道箇中滋味，兩位在求子過程備嘗艱辛的媽媽，寫下她們的心路歷程，給在備孕路上的未來媽媽們加油打氣！

1.八次試管失敗，集肧十八顆做 PGT-A 檢查，只有一顆正常肧胎：以希的故事

以希在其他生殖中心做了八次試管療程，卻都失敗收場。她轉而到二條線閨蜜陳菁徽醫師門診，陳菁徽醫師鼓勵她先取卵，培養到第五天做 PGT-A（肧胎著床前染色體篩檢），看看肧胎到底發生了什麼問題，確定是染色體正常的肧胎再植入。於是她到中醫調理一段時間，再由生殖中心取卵，一共收集了十八顆第五天的肧胎，送染色體檢查，居然「只有一顆是正常的」！耗損率之高，直接應證了我們當初的假設：肧胎異常。

因爲這肧胎得之不易，陳菁徽醫師跟我都非常小心呵護，謹愼選擇植入時機，終於，在中醫調理一年後遇到好的植入時間點。

隨著肧胎慢慢的長大，這位媽咪經歷了不少驚人事件：三不五時出血還算事小，還被家裡飼養的狗咬數次，受到不小的驚嚇。懷孕期間不時有一些腸胃不適、工作家庭問題……就算她沒有主動提，每次在門診中，也總會由脈象裡透露出蛛絲馬跡。

經過門診時的提醒後，她對自己的身體越來越了解，也更加知道怎麼「照顧自己」。胎兒

36週時，以希到婦產科急診，發現胎盤位置太低，婦產科建議剖腹產。四十歲的她，盼著盼著，這萬中選一的寶寶終於跟大家相見歡了！寶寶滿週歲後，以希把先前在其他生殖中心剩下的胚胎轉到禾馨宜蘊生殖中心，解凍培養到囊胚後切片染色體檢查，運氣很好，裡面有一顆胚胎的染色體是正常的！今年初順利植入了，有過第一胎的經驗，這一胎雖然還要負擔照顧寶寶跟工作，她抓到身體的節奏，適時的回應身體的需求，孕期比第一胎適應得好，固定的回診也變成話家常般寒暄。

以下是以希的心聲：

曾經在網路看到一首詩，講述著每個人都處在屬於自己的時區，有時感覺周遭的人看似走得比較快，只有自己止步不前，事實是我們都是在自己的時區中等待正確的時機，沒有落後或領先。

曾經埋怨「爲什麼別人可以，而我卻不行？」

「爲什麼別人有，而我卻沒有？」當我們深陷在不斷求子的輪迴當中想要尋找一線「生」機，「緣」來在命運爲我安排的屬於自己的時區裡，一切都是準時的！

因爲工作關係，我身邊每天圍繞可愛的孩子，結婚將近八年，因爲愛小孩、希望有自己的孩子，所以在剛結婚不久後就踏上求子之路，我們曾經試過自然受孕，在苦無結果的狀況下，我和先生看著親戚成功的經驗，開始在北部有名的教學醫院及生殖中心進行人工受孕及試管嬰兒療程，前前後後嘗試了多次的療程。即使胚胎都有著床，但卻又因胚胎萎縮而宣告失敗！眼看身邊比我們晚結婚的朋友都有了小孩，而我們卻還在「原地踏步」，那種無語問蒼天的心情眞的很難釋懷，漸漸地我選擇逃避，不願意面對身邊的人，朋友的聚會我不敢參加！

因爲求子心切，只要是能幫助我受孕、懷孕的方法我都願意嘗試，每天唸經、拜拜、喝符水，聽從命理老師的建議看時辰、方位行房，在當時也找過中醫師養卵調身體，瘋狂在網路上爬文尋找任何會讓自己不孕的問題，搭高鐵到南部找名醫做「減敏治療」，在台北看「風濕免疫科」，尋找相關因自體免疫而造成不孕的可能……卻一直讓我在求子路上打擦邊球，始終無法一桿進洞呀！

二〇二〇年的暑假，心灰意冷的我和先生出國散心時，無意間看到介紹當時在台北醫學院的「陳菁徽醫師」的求子歷程，我心想一直以來我的生殖科醫師都是男醫師，如果換一位女醫師是不是更能感同身受我不孕的苦呢？回國後不顧他院還有胚胎存放，抱著一疊厚厚的病歷就直接找陳醫師看診，還記得陳醫師跟我說：「你這樣轉院的話，一切都要重頭來過……」我說：

「沒關係！我都願意配合。」在一連串的檢查下，陳醫師建議我可以搭配中醫一起做治療，於是開啓了我與另一位「陳醫師」玉娟醫師的緣分，而我的寶貝也是因爲這兩位「陳醫師」而來的！

我開始與兩位陳醫師搭配進行中西醫不孕症的療程，每週給玉娟醫師把脈、針灸、薰臍，搭配水藥、藥粉養卵調養身體，西醫的部分除了例行性的不孕症檢查之外，菁徽醫師還安排了EMMA子宮內菌叢檢測、ALICE感染性慢性子宮內膜炎檢測及PGS胚胎著床前染色體篩檢，就是要排除任何一個會影響我受孕的可能！

兩位陳醫師的看診風格很不同，玉娟醫師像是溫柔的姊姊細細問診把脈之外，還會像是朋友一樣關懷我和先生的生活作息，和我們聊聊工作上的大小事，她會適時給我建議，和我聊聊她的觀點，那種溫暖的感覺一直點滴在我心頭！菁徽醫師很有自己的步調，分秒必爭的她除了要幫個案照超音波看內膜、取卵及植入胚胎，每次看診結束前她都會用紫色墨水的筆，親筆寫下交代我們要服用的藥物、要打的針劑及所有的注意事項！寫出來的字是很清楚又很溫暖的！（每次拿到菁徽醫師的note，我心裡都默默地想：紫色應該是她的幸運色吧！）

在中西醫搭配下，前前後後取了十八顆胚胎送檢，只有一顆是唯一正常的，這個機率是多麼的渺小呀！原來我和先生一直無法受孕成功的原因或是之前每個療程失敗，都是我們的「良率太低」！

後來我們一路跟隨玉娟醫師和菁徽醫師來到「宜蘊」，在宜蘊看診一直讓我有一種很踏實的感覺！無論是醫師、護理師或是工作人員，每次看診，她們總是在我還沒開口前就可以認得我是誰，我每個階段的療程她們都很清楚，我想這就是一間有溫度的醫院，帶給積極求子的我很大的安慰及信心！去年五月適逢疫情嚴峻的時候，在兩位陳醫師的評估下我進行了第九次的試管療程，植入唯一一顆染色體正常的胚胎，懷孕期間戰戰兢兢注意每個環節，兩位陳醫師就是我的守護神，陪伴著我一路拿到媽媽手冊，同時菁徽醫師也順利將我轉介到婦產科，除了例行的產檢之外，我也定時找玉娟醫師把脈安胎，爲的就是讓我的女兒平安到來！

懷孕後期因「前置胎盤出血」，接著剖腹產當天大失血，玉娟醫師一直都掌握我的身體狀況，也讓我產後調理上無縫接軌，即使我已經從不孕科畢業了，她們還是會不時關心我的身體狀況，這一切的一切都讓我感到很安心！謝謝菁徽醫師！謝謝玉娟醫師！她們的合作讓我從不能到能，讓我圓了一個媽媽夢！

Life is about waiting for the right moment to act. I'm not LATE. I'm not EARLY. I am very much ON TIME, and in my TIME ZONE Destiny set up for me. 曾經無語問蒼天的我，像個無頭蒼蠅在求子的路上輪迴！我想人對了，時間對了，一切就對了！我從來都沒有想過自己有這麼大的毅力撐到最後一刻，這將近八年的求子歷程是用很多淚水換來的，我很高興也很知足能夠在對的時間遇到對的醫生，因爲有她們讓我的人生沒有遺憾！

2.低受精與胚胎發育不佳：小魚的故事

小魚三十九歲，在工作與高齡的條件下直接選擇試管嬰兒，但第一次療程中發生少見的低受精率，加上受精成功的胚胎也發育不良。雖然感到挫折，但夫妻倆與陳菁徽醫師討論，決定先到中醫調整精卵的品質，爲下一次的試管嬰兒療程做準備。

第二次取卵受精過程，陳菁徽醫師覺得胚胎發育情形不佳與胚胎實驗室討論後，第二天就直接冷凍胚胎，讓小魚夫妻休息一陣子，先來中醫調理先行調養子宮內膜環境做準備，個性爽朗的夫妻，常常讓診間充滿歡笑。

小魚經過第一次的試管嬰兒療程失敗，不免會感到挫折與擔心，但在過了三個月的身體調養，我催促她趕快回生殖門診進行下一階段治療，她雖然有些遲疑，最終還是鼓起勇氣面對。陳菁徽醫師將胚胎解凍培養到第三天後植入，爭氣的胚胎在子宮內乖乖長大了，懷孕期間還是三不五時來診間聊聊，解決一些小問題！即便她的兒子出生後，透過臉書動態，可以看她每天分享小咚成長點滴，眞心覺得小咚出生在這麼有愛的家庭，實在是很幸福！

有時覺得我們給病人的不只是治療，也是相信自己有機會變得更好的勇氣，透過診療的過程，不但個案得到治療，有時醫者自己也得到療癒。我希望帶給來診間的每位朋友，是有溫度的看診、舒適的環境，也能成爲他們人生一路相伴的朋友。

以下是小魚的心聲：

國道一號五股塞車下建國北下信義或下和平東，這條路曾經無比煎熬。

三十五歲跟分開十三年的初戀重逢，三個月之後閃電結婚，其中一個月人在葡萄牙，兩個月在帶團，這樣能成功懷孕的機率到底有多高？（笑）

以爲三十五歲結婚，身體也還算健康，很想有兩人結晶的我們採取順其自然的方式，畢竟身爲領隊，能在台灣又剛好高溫排卵期的時間，屈指可數的稀少。

我下載了排卵期、記錄月經的APP，只要剛好在台灣，就跟老公好好做功課，到後來眞的已經興致全無，只覺得好累。大家都說只要放輕鬆，天道酬勤，該來的一定會來，試了又試的我們只覺得怎麼比登天還難。期間諮詢了客人跟我說很厲害，台北市區老字號的人工生殖醫生，想說我們還年輕，應該做人工授精就可以有機會成爲父母，還趁旅遊淡季的時候做了子宮息肉手術，結果第

一次嘗試人工生殖的我們，以失敗作收。這時，婚後已默默過了一年。

下定決心想要科學一點，內心還是偏保守的想尋求女醫生的幫助，網海茫茫裡找到了二條線閨蜜，第一次看診只是了解需求，獲取資訊；眞的進入療程已經將近又快過了一年，珍貴的卵巢激素眞的隨風而逝！

長期飛行的我，AMH已經來到年齡標準之下，醫生要我好好把握時間，於是我們進行了第一次取卵，那時候還住在板橋，想說天天往返北醫、傻呼呼的打針也沒什麼大不了。第一次取卵通知取了十顆，開心不過一天，第二天通知只有一顆受精成功，而且發育得很慢，必須趕快冰凍起來，才不會讓受精卵像其他無緣的小精靈們一樣消失。

我們休息了幾個月，先生跟我當然有點受挫，一切如常；覺得可以再次嘗試的時候，我們進行了第二次療程，這一次菁徽醫師調整了用藥，長效針短效針齊發，醫生建議的各種營養品各種加強；一樣板橋去回北醫找護士打針，這次的取卵成果是八顆，然而成功受精的，依舊只有一顆，依舊發育得不好，必須即刻冰凍。

接到第二次電話、聽到報告瞬間，腦子被輾過，只有一個念頭是「我到底做錯了什麼？」「要生個孩子怎麼就這麼難？」當下在馬路上大哭了起來。

翻遍網路，都說要至少D3，甚至最好可以D5，甚至最好做一下PGT-A確定是不是好的受精卵。怎麼我就這麼難！求神點燈許願，各大註生娘娘我都去求去拜了，到底該怎麼做，我才能擁有自己的孩子？

閨蜜醫生看我跟先生的精卵品質，一度提出是否願意接受捐卵，好想哭，好不甘心，怎麼會就這麼難？跟她表明了還是想嘗試看看自己的卵子，醫生請我去看當時一樣在北醫的中醫，陳玉娟醫生。從內而外，跟先生一起調理身體，看是否能收事半功倍之效。

玉娟醫生看診的時間，是我感覺非常舒服的時光，從來沒有抽血的痛苦過程，當然挨針薰臍是必須的，工作忙碌的先生每次都必須抽空跟我一起看中醫，他也有點碎唸抱怨，畢竟中醫不是速效，加上我們已經搬到桃園，每兩週奔波其實也不是輕鬆的事，加上玉娟醫生的診等待時間基本上三小時起跳，也因此掌握了怎麼樣看診才會快的節奏（笑），八點趁醫生還沒開診，在外面等她上廁所回來，她看到妳就可以被叫進去了！哈哈哈。

跟玉娟醫生內外調理配合了一陣子，先生已經捨不得我再取卵再被打擊了，他說：「我們就把那兩顆僅有的受精卵植入，得之我幸，不得我命。有妳，我已經很幸福了。」當時Covid疫情嚴重，每次去醫院看診都很緊張，我也進入無業狀態，還能被先生緊緊握在手心，真實擁有的才是最重要的。

於是我們回生殖中心報到，還沒開始療程，又有新的打擊，超音波結果，之前清除的子宮息肉，春風吹又生了。一切又要重新來了，息肉手術後自己住院住了一天，重新安排植入時間，先生要忙工作，植入的時候是我自己一個人往返桃園和台北。

國道一號五股塞車下建國北下信義或下和平東，這條路曾經無比煎熬。

二〇二〇年七月二十九日植入之後，我整整躺了十四天，因爲如果失敗，此生再也不討論生育的事。植入前後到開獎前到十二週穩定前，最討厭的事是塞快孕隆，還有塞類似威而鋼的舌下貼片，先生因此學會了不要怕，閉著眼睛深深深呼吸幫我打痛得要命的長效安胎油針。

一般多半在第十週可以從生殖中心畢業，我的雌激素一直讓醫生皺眉頭，怎麼樣都上不到使她滿意的標準，爲了搶抽血時段跟最早的超音波時間，避開上班車潮跟長輩們，每週四從桃園六點就要跟先生一起奔波出門。所以超音波時間都是早早八點多，抽完血，生殖中心八點一開門我就報到完畢。

國道一號五股塞車下建國北下信義或下和平東，這條路曾經十分煎熬再煎熬。

結果是好的，媽媽眞的眞的謝謝我最得來不易的小寶貝。

二〇二〇年八月十一日聽到醫生說的恭喜恭喜，連閨蜜醫生自己都不敢置信。因爲我只能植入最死馬當活馬醫的兩個D2不到的受精卵。

二〇二〇年八月二十六日來到第六週，確定寶寶有小小的心跳，超音波護理師才給我寶寶的第一張照片。

初期出血安胎油針齊發，每週還是要往北醫報到，一直到十二週，拿到孕婦手冊之後，媽媽這顆心才妥妥放了下來，閨蜜醫生才好好的准我從生殖中心領到珍貴無比的畢業證書。

跟玉娟醫生的緣份一直一直維繫著，醫人先醫心，醫者對病患該有的仁心，耐心與傾聽，玉娟醫生全部具備，後來跟醫生說，來妳這裡看診好像在跟心理醫生諮商，沒有冷冰冰的數據、沒有生殖中心內未來媽媽們的愁眉苦臉及擔憂。有的是滿滿的被安慰與支持。眞的非常謝謝玉娟醫生。孕後期胃食道逆流天天被寶寶踢到吐到不成人形，也是醫生幫我配了中藥調理；坐月子的時候，玉娟醫生甚至還來桃園探望我跟寶寶，眞的非常非常暖心。稱她是中醫版註生娘娘一點也不誇張，她絕對值得這樣的稱讚。我愛她，也眞心永遠永遠感懷謝謝她。

Chapter 2
認識體質

中醫體質分類

每個人的體質狀態都會有個體差異，就算沒看過中醫也常會聽人說，體質偏寒偏熱，氣虛等，皆是針對個人體質的描述。體質會受到兩個方向的影響，一是先天，包含先天的遺傳與過敏反應等；二是後天，舉凡生活作息、飲食型態、有無運動習慣等都會影響體質狀態，體質就是我們的生活型態所呈現的結果，養成的體質也會繼續影響我們的生活樣貌，形成循環。

此外，不同體質也會影響我們容易患得的疾病，以及患病後續的發展，中醫在養生與治療方面，則是會依據個人體質的特性作爲依據，進一步做出判斷與決策。

體質結果會表現在我們的身形、外觀及心理狀態等；受過中醫訓練的中醫師有一套特殊的診斷學：望、聞、問、切，再加上辨證互相參照，

【表 2-1】

中醫四診				
方式	望	聞	問	切
如何執行	觀察病人的身體狀況，包括整體外觀、顏面及身體的斑點、狀態、顏色、舌苔、眼神等	耳朵聽病人說話的語調、聲音的大小，有無咳嗽、喘息，並用鼻子嗅其口中或身上是否有異味	詢問病人症狀、病程、治療經過、檢查項目、以及家族病史等	用手把脈或按腹部及觸摸患處診察
流程： 透過望、聞、問、切獲得訊息資訊→運用八綱辨證互相參照→判斷體質→依據專業基礎理論擬定治療方針，對症下藥				

來診斷患者的體質。望是觀察病人的身體狀況，包括整體外觀、顏面及身體的斑點、狀態、顏色、舌苔、眼神等；聞是耳朵聽病人的說話、咳嗽、喘息，並用鼻子嗅其口中或身上是否有異味；問是詢問病人症狀，病程、治療經過、檢查項目、以及家族病史等；切是用手把脈或按腹部及觸摸患處診察。

透過診法獲得的各種訊息資料，運用八綱（陰陽、表裡、寒熱、虛實）和臟腑、經絡、氣血辨證，可以作出較準確的體質判斷。中醫師利用蒐集的資料，探討病因、病機等基礎理論，進行綜合分析，得到一個治療的方向。所以說中醫是很科學的，每次的診斷，都像大數據分析一樣，把人體的各個徵象掃描一次，才能做出診斷，確立治療方針、開出處方。

中華中醫藥學會於二〇〇九年發佈了《中醫體質分類與判定》標準。中醫將人分為九大體質：平和質、氣虛質、陽虛質、陰虛質、痰濕質、濕熱質、血瘀質、氣鬱質、特稟質。必須說人的體質是會改變的，而且每個人多少都夾雜著兩到三個體質的特性，無法用單一簡單的體質就說明一個人的狀態。

特別將舌象做描述，是因爲唇、舌等顏面部的變化是我們每天可以自己觀察的，不像把脈切診那麼需要專業訓練。疫情以後，診間無法脫下口罩，個案回診前必須照相，提供自己的顏面跟舌象協助病情判斷，處方用藥可以更精確。很多個案會用一個檔案儲存自己顏面及舌頭的照片，經過一個月發現眞的有變化！例如有個產後大出血的媽媽，剛開始陰虛有熱兼夾瘀，她把這三次回診的照片比對，發現眞的舌頭變化大不同！

此章節會先帶大家認識基礎的九大體質及提供對應的飲食建議，章節的最後會提供食物常見的寒熱屬性分類，透過我們對自身體質的認識以及食物的屬性了解，往後看到保健相關資訊時會更容易消化吸收，下一個章節正式進入備孕主題，認識備孕常見的體質。

【表 2-2】

舌象變化			
日期	2022/11/01	2022/11/15	2022/11/29
舌象	陰虛有熱兼夾瘀	熱象退	瘀點也減少
照片	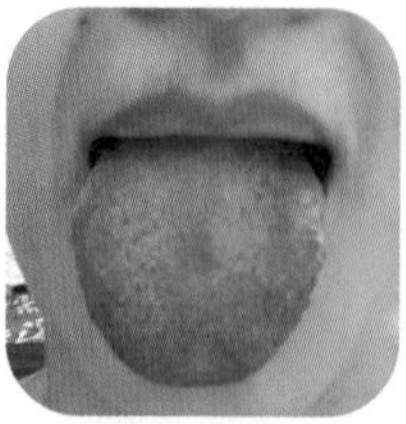	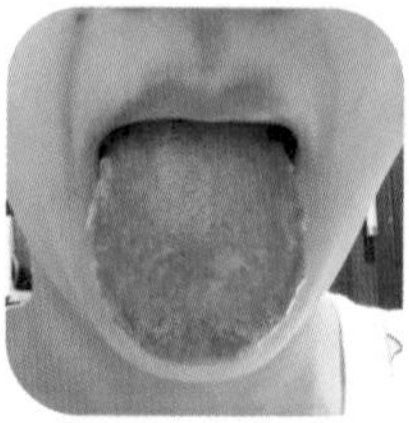	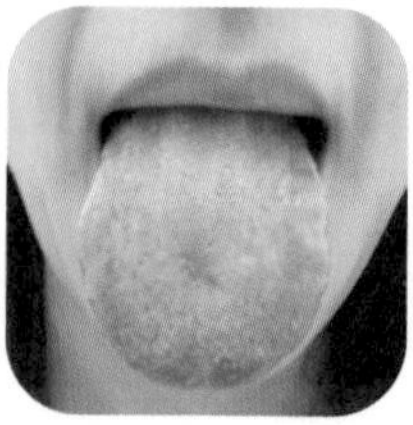

平和質

特質說明：

平和質的人陰陽氣血平衡，常見表現特徵爲臉色紅潤、精神好，大小便型態正常，睡眠狀況良好，整體適應能力佳，較少生病。體態身形適中，舌頭顏色呈現淡紅色，舌苔較薄顏色白。

飲食建議：

平和質是最理想的狀態，代表自身免疫力佳、脾胃功能好，我們常比喻身體的恆定性是一種緩衝溶液，外界的變化對他（她）的身體很容易可以達到平衡狀態。因此不會引起很大的傷害。飲食上沒有特殊禁忌，注意營養均衡、作息正常、規律運動，但是要避免過度食用辛辣刺激的食物、經常熬夜，或是大病引起體質往陰虛、氣虛、濕熱等其他體質方向走。

氣虛質

特質說明：

氣虛質的人元氣不足，常見表現特徵為呼吸短促，身體易流汗（非外在氣候溫度等影響）。容易表現出疲乏精神不濟的樣子，較容易感冒，生病的復原也較為緩慢。體態上呈現肌肉鬆軟不結實，舌頭顏色呈現淡紅色，舌頭邊緣呈現齒痕的形狀。

飲食建議：

氣虛質的族群，常會有身體疲乏、喘促，以及多汗的情況，飲食上適合吃益氣健脾的食物，例如山藥、黃耆、小米、馬鈴薯、南瓜等，減少耗氣的食物如白蘿蔔、柚子等，有助改善這類情況。

陽虛質

特質說明：

陽虛質的人陽氣不足，常見表現特徵爲手腳冰冷、臉色蒼白、身體畏寒、喜歡吃溫熱飲食。容易發生水腫、腹瀉大便不成形，易表現出精神不濟，容易感冒。體態上呈現肌肉鬆軟不結實，舌頭胖大、舌苔變厚呈白色水滑。

飲食建議：

陽虛的人因爲身體能量不足，需要溫熱的食材讓身體溫暖，例如肉桂、薑、韭菜、芝麻、黑豆、龍眼、荔枝、榴槤等，不宜生冷寒涼食物及冰品。

陰虛質

特質說明：

陰虛質的人體內陰液不足，常見表現特徵爲口鼻與喉嚨容易乾渴，手心與足心有發熱的感覺，以及容易失眠，大便乾燥等情形。體態身形偏瘦，舌頭顏色偏紅，舌苔少且少口水。

飲食建議：

陰虛質的族群，常會有口乾舌燥、手腳心熱、皮膚乾燥以及情緒焦躁、失眠的情況，飲食上適合吃滋陰潤燥的食物，例如蓮子、絲瓜、水梨、百合、秋葵等，減少燥熱的食物如燒烤、油炸、麻辣、羊肉爐、餅乾零食等容易上火的熱性食物。

痰濕質

特質說明：

痰濕質的人，體內水分容易停滯凝聚，形成痰濕。常見表現特徵爲容易流汗且體表黏膩感，胸悶與痰多，臉部肌膚油脂多，喉嚨容易有痰、頭暈倦怠等情形。體態身形肥胖，腹部肥滿，口舌黏膩，舌頭肥厚，舌苔厚、顏色白且膩。

飲食建議：

痰濕質的人，體內水分容易滯留，容易水腫、皮膚易出油，大便黏膩，飲食上適合吃利水去濕的食物，例如薏仁、紅豆、紫菜、茯苓、冬瓜等，減少甜食、勾芡，以及苦寒的食物，如苦瓜、爌肉、羹麵等。

濕熱質

特質說明：

濕熱質的人體內濕熱，常見表現特徵有感到口中有苦味，容易口乾，想喝涼水，臉上油脂分泌多、易生粉刺。身體容易感到疲倦，脾氣大，大便黏膩，小便顏色黃。男性陰囊潮濕，女性白帶會增加。體態身形中等或是偏胖，舌頭顏色偏紅，舌苔顏色偏黃色而且黏膩。

飲食建議：

濕熱質的人除了身體沉重、倦怠以外，比痰濕的人多了「熱」的症狀，小便黃、體味重、皮膚容易有濕疹。適合吃清熱利濕的食物，例如苦瓜、綠豆、薏仁、白蘿蔔、蓮藕、豆腐等，減少燒、烤、炸、辣、甜食、酒及熱性食物。喝冷飲、吃冰品反而會加重濕熱的現象。

血瘀質

特質說明：

血瘀質的人體內血路運行不通形成瘀血，常見表現特徵爲膚色與唇色偏暗，容易出現瘀斑。此體質易患女性生殖系統腫瘤，與身體出現疼痛。體態身形胖瘦皆有，無特定型態，舌頭與膚色一樣顏色偏暗，舌頭上有瘀點，舌下血管怒張，色暗。血瘀質可能兼夾寒或熱，所以舌頭的顏色可能偏淡或偏紅，臨床上有寒凝血瘀或熱鬱血瘀等不同的表現。

飲食建議：

血瘀質的人體內血液循環不順暢，容易出現瘀斑、膚色黯沉、碰撞容易有瘀青、身體痠痛的狀況，適合吃活血的食物，例如薑黃、紅麴、納豆、酒釀、丹參、山楂、玫瑰花、茉莉花等，減少燒、烤、炸、辣、甜食、及油膩食物。

氣鬱質

特質說明：

氣鬱質的人體內氣機鬱滯，主要常見表現爲神情抑鬱、情緒低落與悶悶不樂，較易煩躁不安，喉間有異物感，以及胸悶與胸部兩側脹痛等。體態身形偏瘦，舌頭顏色呈現淡紅，舌苔薄成白色，氣鬱夾火時，舌色就會偏紅。

飲食建議：

氣鬱質的人常會不由自主唉聲嘆氣，容易有經前症候群，適合吃可以幫助身體氣機活動的食物，如陳皮、柑橘類水果、咖哩、金針花、玫瑰花、茉莉花等，減少冰冷或寒涼的食物，免得讓身體能量更不易流暢。

特稟質

特質描述：

特稟質的人體質以先天遺傳的疾病與過敏反應爲主，容易對食物、藥物、氣味、花粉與季節等外在刺激過敏，主要常見表現就是過敏反應，包含氣喘、鼻塞、噴嚏、喉嚨癢與蕁麻疹等反應。體態身形上無特定型態，舌象上易出現地圖舌、裂紋舌，舌苔斑剝不齊的在舌面上。

飲食建議：

特稟質的人容易有特殊的過敏症狀，或是先天有遺傳缺陷，可以用些調節免疫的食材，如冬蟲夏草、黃耆、枸杞，避免食用蝦、蟹、茄子、辛辣或刺激性食物。

九大體質建議飲食

在認識了中醫的九大體質之後，除了調整日常生活作息外，如果希望能夠獲得健康平衡的生活，選擇的食物除了健康外，能夠了解食物的屬性，挑選出適合個人體質的食物就更棒了。如同西方有一句俗諺說：「We are what we eat.」

食物的屬性，依據其作用在人體產生的不同反應，有溫、熱、寒、涼、平五種性質，可分為三大類，讓大家能夠在認識自己體質之後，初步的判斷（請見【表2-3】）。不過因為目前的蔬果品種多，有些水果在不同品種下可能會帶有不同屬性，跟不同的食物搭配，作用也不一樣，如果不確定或是希望嚴格的透過飲食挑選與控制調整體質，也可以在選擇的時候跟信賴的中醫師討論。另外跟中藥材炮炙後藥性會改變一樣，食物經過烹煮或跟不同食材一起搭配，屬性也會改變，例如生的桑葚性味偏涼，經過熬煮的果醬性味就變溫了。

溫熱性食物：

食用溫熱類食物，會使身體促進血液循環產熱，提昇體能與精神，會建議體質虛寒者食用。

- 蔬菜及五穀：南瓜、洋蔥、蔥、胡椒、韭菜、芥末、生薑、九層塔、糯米、芫荽、茼蒿、茴香、大蒜、辣椒
- 水果：榴槤、桃子、金棗、杏仁、荔枝、龍眼、櫻桃。
- 其他：酒、紅茶、咖啡、咖哩、油炸與燒烤物、羊肉、羊肉爐、薑母鴨、麻油雞、紅高麗人參、當歸。

寒涼性食物：

食用寒涼性食物，會使身體代謝與體能下降，寒涼性食物有清熱解暑的作用，適合熱性體質的人，如果體質畏冷虛寒、上呼吸道與腸胃機能狀態不好的人，會建議忌食或減少食用。

- 蔬菜及五穀：筊白筍、海帶、紫菜、苦瓜、竹筍、豆腐、瓜類、萵苣、菠菜、白菜、冬瓜、蘆薈、蘿蔔、蓮藕、莧菜、茄子、芥菜、空心菜、紅鳳菜、油菜、包心白菜、荸薺、瓠瓜、枸杞葉、秋葵、綠豆、薏苡仁、麵筋、芹菜、芥藍菜、黃瓜、豆薯、地瓜葉、金針菜、黃豆芽、麥粉
- 水果：西瓜、楊桃、橘子、奇異果、火龍果、柚子、葡萄柚、香蕉、香瓜、柿子、李子、枇杷、水梨、草莓、生桑葚、番茄、椰子。

・其他：所有冰品

平淡性質食物：

性質溫和，排除個人有特殊過敏性反應之外，是適合所有人選擇食用的食物，不用特別擔心個人體質的差異與季節。

・蔬菜及五穀：四季豆、黑豆、黃豆、木耳、銀耳、蓮子、山藥、番薯、馬鈴薯、豌豆、芋頭、紅豆、蠶豆、香菇、菱角、花生、玉米、胡蘿蔔、各種菇類、甘藍、洋菇、豌豆、黑豆、黃豆、菜豆、白米飯。

・水果：木瓜、柳橙、蘋果、葡萄、甘蔗、百香果、棗子、番石榴、鳳梨、檸檬、釋迦、加州李、菠蘿蜜、無花果。

・其他：雞肉、魚肉、豬肉、排骨、雞蛋、豆漿、牛奶。

【表 2-3】

食物屬性					
屬性	溫	熱	寒	涼	平
屬性大類	溫熱性食物		寒涼性食物		平淡性質食物
食用效果	會使得身體促進血液循環產熱，提昇體能與精神。		會使身體代謝與體能下降，寒涼性食物有清熱解暑的作用。		性質溫和，穩定性質的食物。
適合食用族群	體質虛寒者		熱性體質者		適合所有人（排除過敏反應）
蔬菜及五穀	南瓜、洋蔥、蔥、胡椒、韭菜、芥末、生薑、九層塔、糯米、芫荽、茼蒿、茴香、大蒜、辣椒。		茭白筍、海帶、紫菜、苦瓜、竹筍、豆腐、瓜、萵苣、菠菜、白菜、冬瓜、蘆薈、蘿蔔、蓮藕、莧菜、茄子、芥菜、空心菜、紅鳳菜、油菜、包心白菜、荸薺、瓠瓜、枸杞葉、秋葵、綠豆、薏苡仁、麵筋、芹菜、芥藍菜、黃瓜、豆薯、地瓜葉、金針花、黃豆芽、麥粉。		四季豆、黑豆、黃豆、木耳、銀耳、蓮子、山藥、番薯、馬鈴薯、豌豆、芋頭、紅豆、蠶豆、香菇、菱角、花生、玉米、胡蘿蔔、白米飯。
水果	榴槤、桃子、金棗、杏仁、荔枝、龍眼、櫻桃。		西瓜、楊桃、橘子、奇異果、火龍果、柚子、葡萄柚、香蕉、香瓜、柿子、李子、枇杷、水梨、草莓、生桑葚、番茄、椰子。		木瓜、柳橙、蘋果、葡萄、甘蔗、百香果、棗子、番石榴、鳳梨、檸檬、釋迦、加州李、菠蘿蜜、無花果。
其他	酒、紅茶、咖啡、醃漬品、咖哩、油炸與燒烤物、羊肉、羊肉爐、薑母鴨、麻油雞、紅高麗人參、當歸。		冰品		雞肉、魚肉、豬肉、排骨、雞蛋、豆漿、牛奶、豬腸。

Chapter 3

備孕六大體質與體質檢測

備孕體質分類

人的體質是會改變的，每個人也多少都夾雜著兩、三個體質的特性，例如很容易倦怠卻又口乾舌燥、便祕、不容易入睡，合併爲氣陰兩虛體質。面部皮膚油脂較多、痤瘡紅腫，容易出汗而且汗液黏稠、胸悶、喉嚨容易有痰、口黏膩或覺得口甜、小便黃赤、大便黏膩，容易泌尿道或陰道感染，就成了痰濕夾熱的體質。皮膚黯沉，容易色素沉澱，唇部顏色黯淡，加上情緒抑鬱，常常腹脹，則是氣滯夾血瘀的體質。

認識了九大基本體質後，我們在這個章節會將臨床上常遇到的備孕體質做分類，設計了一些題目，題目的下方數字代表該體質。在書後附有答案卡，大家可以做一下小測驗，概略了解自己的體質分類。在備孕體質調理後，可以再次檢視自己的體質是否有變化。第 1 到第 7 題是男女通用的體質檢測問題；第 8 題到第12題是屬於婦科的體質判斷問題。因爲每個人的體質通常會兼夾多種不同的類型，因此勾選最多選項的體質可以視爲主要體質，次多的是兼夾體質。

備孕體質大致可以分成健康平和型、陰虛火旺型、肝鬱氣滯型、氣血兩虛型、濕熱內蘊型、血瘀型這六種類型。題目上方的數字代表該體質。

1.健康平和型：面色紅潤、精力充沛，是最健康的體質。

2.陰虛火旺型：口乾舌燥、易口渴，失眠、睡覺時容易出汗，怕熱、便祕、黑眼圈、皮膚乾燥。

3.肝鬱氣滯型：易緊張焦慮、易操煩、常嘆氣、腸胃脹氣、不易入眠、多夢、易有經前症候群。

4.氣血兩虛型：臉色蒼白、怕冷、稍一活動很容易出汗、容易倦怠、喜熱食、解便軟。

5.濕熱內蘊型：面垢油光、口乾口苦、解便濕黏穢臭、小便黃、喜冰冷燒烤炸辣飲食。

6.血瘀型：膚色黯沉、血液循環差、記憶力減退、舌下絡脈曲張。

在中醫門診中，除了初步的判斷完體質後，就會依照中醫診斷學，運用八綱臟腑、氣血辨證，依據中醫師的經驗與專業，進一步的下判斷與擬定治療方針。

備孕體質檢測

請選擇最符合你身體狀況的敘述，可複選，並取下書末答案卡進行勾選，依所選擇的數字次數可約略推測自己的體質類型。

1.平時你的個性是？

①情緒穩定，不常發怒、不易煩躁→1

②性急，煩躁易怒→2、5、6

③常憂鬱嘆氣，思慮多→3、6

④內向，不喜言語→4

2. 你平時的體力狀況？

①體力佳，不常覺得疲累→1

②一直有事忙，不喜歡或無法停下、休息→2、3

③稍一活動就疲倦，休息才改善→4

④容易覺得疲倦，但活動時反而覺得不會累→5、6

3. 你比較怕冷還是怕熱？

①不太怕冷也不太怕熱→1

②怕冷也怕熱→2、3、6

③怕冷，不怕熱→4

④怕熱，不怕冷→5

4. 你的睡眠狀況？

①睡眠品質很好，也不熬夜→1

②常熬夜、睡著常多夢→2、3

③一直覺得很累，要睡很久才飽→4

④睡不著、睡不好→5、6

5. 飲食喜好？

①飲食均衡，不挑食→1
②喜歡吃冰，也喜歡吃熱食→2、6
③壓力大時喜歡用吃來紓壓→3、6
④喜歡吃熱食，不喜歡吃冰品→4
⑤喜歡吃烤炸辣等重口味飲食、冰品→5、6

6.排便習慣？
①解便規律、成條狀；小便一天6次、小便量正常→1
②便祕（多日解一次），乾硬、呈塊狀；小便量少、有時比較黃→2、3
③便祕（多日解一次），但排便偏軟；小便清長、次數少→4
④便黏、需要擦/沖很多次，常有解不乾淨感覺；小便黃、有時會小便熱、小便味道比較重、小便濁→5

7.舌質、舌苔的狀態？
①舌質紅潤、舌苔不多平均敷布舌面→1
②舌質偏紅、舌瘦、舌苔少→2、3
③舌質淡、舌體胖大或有齒痕、舌苔少→4
④舌質紅、舌苔多偏黃→5
⑤舌質偏暗、紫、舌下絡脈曲張、舌苔少→6

8.你的月經型態？

①週期規則，月經量兩—三天是多的，無血塊，無痛↓1

②週期規則，月經量多的日子少於兩天↓2

③週期不規則，尤其受到壓力或作息影響明顯，經量不定，常有血塊↓3、6

④週期不一定規則，量明顯較少，月經來時非常疲倦↓4

⑤週期規則，月經量大於三天，經前容易分泌物較多、陰部搔癢、容易陰道感染↓5

9.經前後的身體感覺及狀況？

①沒什麼感覺及不舒服，血流出來了才知道月經來了↓1

②經前身體烘熱明顯、晚上難眠，經來就慢慢改善↓2、6

③經前幾天下腹脹、乳房脹，頭兩側也常抽痛，情緒起伏大，經來症狀緩解↓3

④經前疲倦、下腹隱約悶痛，經來症狀持續，月經後更覺體力差、明顯容易疲倦↓4

⑤經前分泌物極多，顏色不是透明或白色，經前下巴青春痘膿皰型，分泌物味道重，經量偏大↓5

⑥排卵痛明顯、經前幾天下腹脹痛嚴重、乳房脹痛、經前頭痛明顯↓6

10.月經來的時候身體狀況如何？

①身體沒有不舒服，也不會容易疲倦，量比較多大概持續三天，月經顏色鮮紅色，七天內月經乾淨↓1

②經前的身體烘熱慢慢消退，月經來口乾舌燥，經血顏色偏暗、黏稠，像被濃縮過的感覺→2

③月經來肚子不時抽痛，下腹收縮疼痛感明顯，月經來食欲不佳，經血流出不暢，腹部用力時經血出來比較多，熱敷疼痛會稍微緩解→3

④月經來下腹持續悶痛，身體疲倦非常明顯，經來期間都一直休息盡量不活動，坐著、躺著才會比較舒服，月經顏色偏淡或量偏少，熱敷疼痛也會稍微緩解→4

⑤量大、顏色鮮紅，月經來疼痛明顯，止痛藥藥效一過則痛又起，熱敷、薑茶等無法減緩疼痛，吃四物湯、八珍湯經痛也無法緩解，月經可能超過七天→5

⑥身體易痠痛、肩頸僵硬、皮膚色素沉澱、經血剛開始不容易流出、腹痛等血塊排出後改善、血塊多、經血色偏暗→6

11. 白帶狀況？

①平時分泌物極少，排卵期開始有蛋清狀、透明黏稠分泌物，沒有味道，持續到月經來→1、3、4

②平時分泌物少，排卵期分泌物黏稠，偶有夾雜血絲，無臭味，偶爾有下陰灼熱、腫脹感→2

③平時就有分泌物，顏色多白色，但排卵期開始分泌物量更多、顏色偏黃色或綠色，且分泌物味道重，伴隨下陰癢、腫脹感明顯，經來稍改善但經後又發→5

12.基礎體溫大致型態？

①低溫期及高溫期可見雙向性（高低溫相差0.3度），高溫期持續十四天，體溫下降當天月經來→1

②低溫期的天數短，高溫期持續十四天→2

③溫度常呈鋸齒狀，低溫期轉高溫期的體溫升高天數長，無法一天就跳上去高溫，月經週期不規則→3

④基礎體溫上升緩慢，整體體溫偏低，高溫期偏短不滿十四天，高溫期中途下降→4

⑤整體體溫偏高，高溫期偏長，月經來時體溫仍高→5

⑥基礎體溫上升緩慢、高溫期偏長、低溫期偏短但溫度偏高→6

六大體質調理

如果你是健康平和型的話，要先恭喜你，生活品質及身體整體狀態還不錯！不過如果超過一年未懷孕，還是會建議做進一步的檢查，才能更了解子宮卵巢的詳細狀況喔！

陰虛火旺型的人，建議一定要減少熬夜、避免吃太多烤炸辣及重口味的食物，例如麻辣鍋、荔枝、桂圓，多吃新鮮蔬果及高蛋白質、高膳食纖維的食物，例如白木耳、菠菜、水梨、蓮藕、桑葚、海蜇皮、海參、黑芝麻、綠豆、牛奶等滋潤涼補的食材。

肝鬱氣滯型的人，代表壓力對你身體造成的影響頗爲明顯，所以建議每天至少留半小時給自己放空、紓壓，避免生活節奏過度緊湊、刺激的遊戲或影集，下班後就將自己的生活步調放慢，對於身體機能會有幫助。建議多吃有行氣效果的食物，例如洋蔥、柑橘類、菇類、海帶、高麗菜、咖哩等，薰香精油、花草茶也都很適合，避免吃過多單純補氣藥物，例如人參、黃耆等。適度的運動有助於紓壓。

氣血兩虛型的人，可能平時的工作量或活動量已超出體力負荷，建議一定要飲食均衡，攝取各種營養。運動不要太過激烈，睡眠不足七小時的話請優先睡飽。飲食建議多吃健脾益氣的食物，如扁豆、山藥、雞蛋、牛肉、雞肉、菇類、羊肉、豆腐等富含各種營養的食物。

濕熱內蘊型的人，建議不要吃太多補品，更不宜吃太多烤炸辣等重口味食物，也減少吃肥肉、油膩、易上火的食物，例如鹹酥雞、麻辣鍋、各式蛋糕甜點等，建議多吃涼性退火祛濕的食物，例如綠豆、冬瓜、苦瓜、海帶、西瓜、綠茶、薏仁、蓮子等食材。

血瘀型的人，身體的血液循環不良。瘀血跟痰濕，是身體代謝後產生的廢物無法正常移除產生的，可以說是氣滯、血虛、陰虛之後引起的，平常可以食用黑木耳、洋蔥、蘿蔔、蓮藕、玫瑰花之類。另外，多拉筋、從事戶外活動均可改善血循。

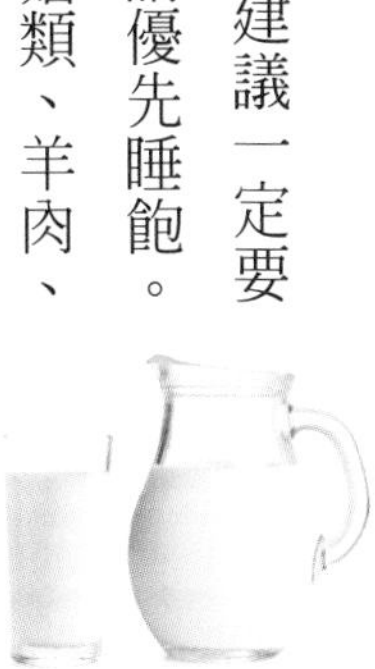

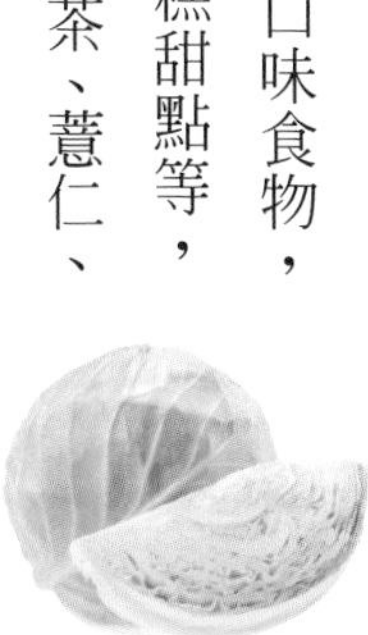

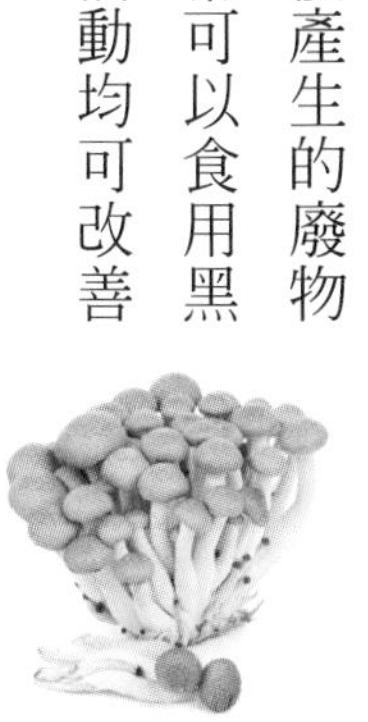

雖然大部分的民眾無法像中醫師學過完整的理論，做出準確的判斷，然而要備孕，首先要了解自己的體質，清楚哪些是不利懷孕的條件，加以改善，才能早日達成自己的願望。當然不可能每個人都是完美的平和質，就像沒有完美的父母跟孩子，但希望我們的身體跟心靈狀態是平衡而舒服的。

【表 3-1】

備孕六大體質圖表

證型	症狀	月經特點	舌質	平時保健
1. **健康平和型**	面色紅潤、精力充沛	週期規則，不會經痛、沒有血塊	舌質紅潤、舌苔不多平均敷布舌面	繼續保持健康，如果超過一年未懷孕，建議做進一步的檢查，才能更了解子宮卵巢的詳細狀況
2. **陰虛火旺型**	口乾舌燥、易口渴，失眠、睡覺時容易出汗，怕熱、便祕、黑眼圈、皮膚乾燥，偏愛冷飲	週期規則，月經量多的日子短，經前身體烘熱明顯，陰部乾澀	舌質偏紅、舌體偏瘦、舌苔少	減少熬夜、避免吃太多烤炸辣及重口味的食物，多吃新鮮蔬果及高蛋白質、高膳食纖維的食物
3. **肝鬱氣滯型**	易緊張焦慮、易操煩、常嘆氣、便祕、腸胃脹氣、不易入眠、多夢	週期不規則，受到壓力或作息影響明顯，月經量可能大或少；經前幾天下腹脹、乳房脹，頭兩側也常抽痛，情緒起伏大，經來症狀緩解	舌質偏紅、舌體偏瘦、舌苔少	避免生活節奏過度緊湊，多吃有行氣效果的食物，運動有助紓壓
4. **氣血兩虛型**	臉色蒼白、怕冷、稍一活動很容易出汗、容易倦怠、喜熱食、解便軟	週期不一定規則，量明顯較少，月經顏色偏淡，月經來時非常疲倦，經期容易感冒	舌質淡、舌體胖大或有齒痕	飲食營養均衡，睡眠充足，多吃健脾益氣的食物
5 **濕熱內蘊型**	面垢油光、口乾口苦、解便濕黏穢臭、小便黃、喜冰冷燒烤炸辣飲食	週期規則，月經量大於三天，經前容易分泌物較多、陰部搔癢、容易陰道感染，經前下巴青春痘為膿皰型	舌質紅、舌苔多偏黃	不要吃太多補品，更不宜吃太多烤炸辣等重口味食物，也減少吃肥肉、油膩、易上火的食物，多吃涼性退火祛濕的食物
6. **血瘀型**	膚色黯沉、血液循環差、身體易痠痛、肩頸僵硬、記憶力減退	經血剛開始不容易流出，腹痛等血塊排出後改善，經量大、經血色偏暗	舌質偏暗、紫、舌下絡脈曲張、舌苔少	多吃可以活血行氣的食物，多拉筋、從事戶外活動改善血液循環。

Chapter 4

月經週期與基礎體溫量測

4-1 了解月經週期

現代醫學對女性生理週期有比較詳盡的研究與解釋，也帶來了生機蓬勃的生殖醫學領域。早在《黃帝內經》時就把人一生的生理、生殖功能都描述得很清楚：

〈素問．上古天眞論〉：女子七歲，腎氣盛，齒更髮長；二七而天癸至，任脈通，太衝脈盛，月事以時下，故有子；三七，腎氣平均，故眞牙生而長極；四七，筋骨堅，髮長極，身體盛壯……丈夫八歲，腎氣實，髮長齒更；二八，腎氣盛，天癸至，精氣溢瀉，陰陽和，故能有子；三八，腎氣平均，筋骨勁強，故眞牙生而長極……七八，肝氣衰，筋不能動，天癸竭，精少，腎臟衰，形體皆極……

中醫在婦科方面著墨相當多，也記載著「婦人一月經行一度之後，必有一日氤氳之時，氣蒸而熱，如醉如癡，有欲交不可忍之狀……」這裡指的氤氳之時，就是排卵期，也描述了這段時間會有性欲較強的狀態，在此時陰陽兩精會合才能懷孕有子。臨床上結合中醫藥理論與現代女性的生理週期荷爾蒙變化，發展出「月經週期療法」來調經助孕。與西方醫學不同的是，中醫是「順勢而爲」調控自體的荷爾蒙，而不是利用外源性的補充，方式不同，但是相得益彰，使得體內與外源性荷爾蒙能同步，增加著床時子宮內膜的容受性，與現代生殖醫學研究發現自然週期植入減少荷爾蒙的使用可以降低流產、早產、妊娠高血壓、子癇前症等的風險，不謀而合。

月經週期療法

月經週期療法是中醫用於治療婦女疾病（例如不孕症、月經不調、經痛、經前症候群、更年期障礙等）的常見方式，將月經週期分階段，以各階段的身體狀態與特徵，根據中醫基礎理論的陰陽爲本，診斷後順應不同階段的狀態與變化，透過藥物調整體內氣血平衡。週期可細分爲好幾個階段，其中四大階段可分爲月經期、濾泡期、排卵期與黃體期（請見【圖 4-1-1】）。

月經期：子宮內膜剝落出血，月經來潮，以理氣調血的藥物，改善本身體質的根本爲主。如經痛、肌瘤、子宮內膜異位症、巧克力囊腫等問題，可以在此階段使用化瘀止痛藥物，減輕經痛，幫助經血排淨。

濾泡期：月經結束陰血耗傷，基礎濾泡開始發育，以滋陰養血的藥物爲主。
排卵期：子宮內膜增厚，濾泡趨於成熟，以滋陰助陽、調氣活血的藥物爲主。
黃體期：子宮內膜由增生期進入分泌期並繼續增厚，以溫陽化氣的藥物爲主，加強黃體功能，利於胚胎著床。

由【圖 4-1-2】可以看到荷爾蒙週期與整個人體的太極律動相吻合，女性生理週期，荷爾蒙的變化與太極的陰陽節律相似。經血屬於物質、屬陰，月經過後，經血耗傷，需要滋陰；排卵期，是陰極轉陽的階段，黃體期需要溫度上升，屬陽；到了陽極盛，胚胎沒有著床的話，又會月經來潮，陽極轉陰，開啓下一個月經週期。如果受精，會啓動另一個訊號，往胚胎著床發育的途徑走。

【圖 4-1-1】 中醫月經週期療法在調理經期的應用

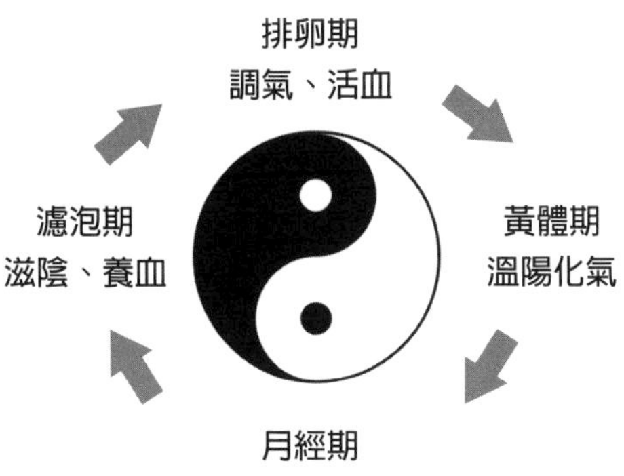
排卵期
調氣、活血
黃體期
溫陽化氣
月經期
濾泡期
滋陰、養血

【圖 4-1-2】 月經週期變化

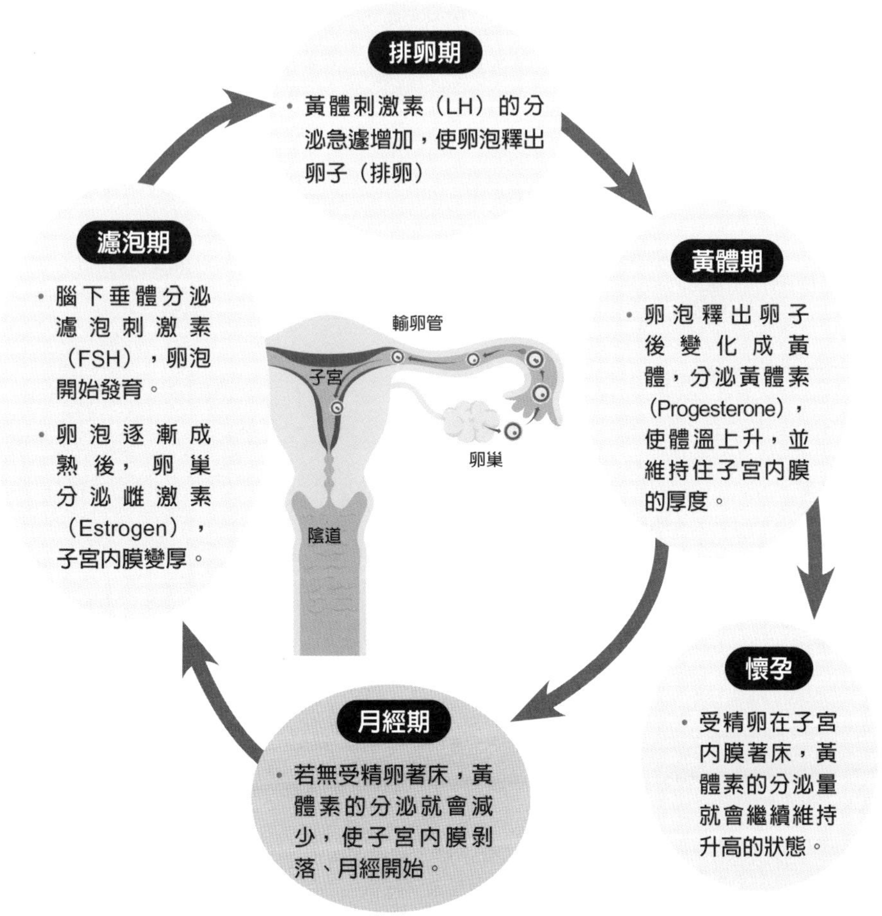
排卵期
‧黃體刺激素（LH）的分泌急遽增加，使卵泡釋出卵子（排卵）
黃體期
‧卵泡釋出卵子後變化成黃體，分泌黃體素（Progesterone），使體溫上升，並維持住子宮內膜的厚度。
懷孕
‧受精卵在子宮內膜著床，黃體素的分泌量就會繼續維持升高的狀態。
月經期
‧若無受精卵著床，黃體素的分泌就會減少，使子宮內膜剝落、月經開始。
濾泡期
‧腦下垂體分泌濾泡刺激素（FSH），卵泡開始發育。
‧卵泡逐漸成熟後，卵巢分泌雌激素（Estrogen），子宮內膜變厚。
輸卵管
子宮
卵巢
陰道

所以一般調月經週期，照前面的準則即可，若是爲了備孕，濾泡期加強滋陰養血、寧心安神；排卵前加入疏肝理氣助排卵藥物，在排卵期之後便加強溫補腎陽的藥物，幫助黃體維持，不用活血理氣的藥物。若是調經前症候群，則在黃體期後段加疏肝理氣、寧心安神、或利水消腫緩解經前不適。若是經痛嚴重、子宮內膜異位症或肌瘤的患者，在黃體期要加化瘀攻破的藥物，月經期前使用化瘀止痛，月經期用溫經化瘀止痛，濾泡期加強活血化瘀藥物（請見【圖4-1-3】）。

【圖 4-1-3】

備孕

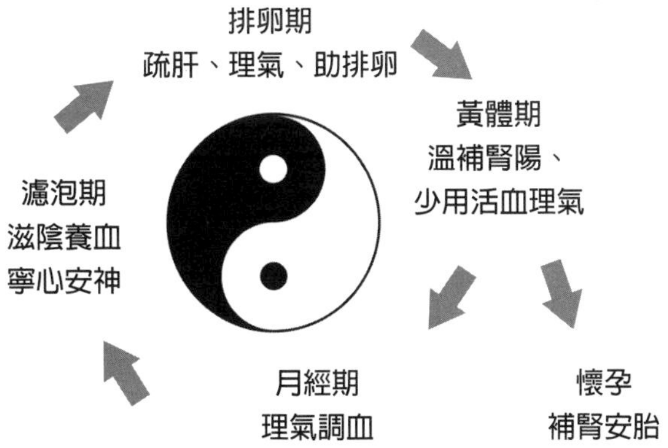
排卵期
疏肝、理氣、助排卵
黃體期
溫補腎陽、
少用活血理氣
濾泡期
滋陰養血
寧心安神
月經期
理氣調血
懷孕
補腎安胎

經前症候群

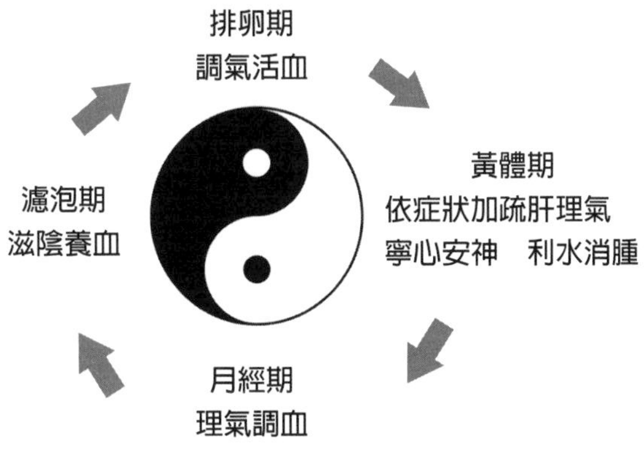
排卵期
調氣活血
黃體期
依症狀加疏肝理氣
寧心安神　利水消腫
濾泡期
滋陰養血
月經期
理氣調血

經痛

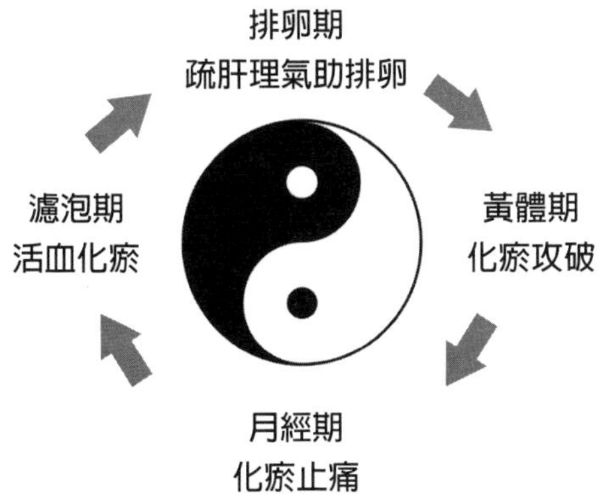
排卵期
疏肝理氣助排卵
黃體期
化瘀攻破
濾泡期
活血化瘀
月經期
化瘀止痛

4-2 基礎體溫

基礎體溫隨著月經週期會有低溫、高溫雙相的變化，搭配月經週期療法，可以更準確判斷出排卵期、黃體期或濾泡期，了解各階段身體陰陽虧損的狀態。基礎體溫量測可以說是最經濟實惠的身體檢查，但很多女性朋友都嫌麻煩而不願意做，其實這只是習慣問題，習慣養成了，就不麻煩了。也有男性朋友來門診時問他需不需要量基礎體溫，由於男性荷爾蒙的變化不像女性週期那麼明顯，所以是可以不用量基礎體溫的。

基礎體溫量測

基礎體溫量測怎麼看呢？

由【圖 4-2-1】可以看出月經週期中卵巢、基礎體溫、荷爾蒙與子宮內膜的變化。一個正常的月經週期，在月經來潮時子宮內膜會剝落、荷爾蒙都在基礎值，基礎體溫下降，之後濾泡也開始慢慢成長，此時基礎體溫應該在36.4度以下；隨著雌激素慢慢增加，誘發排卵反應時，基礎體溫會呈現先降低後升高的情形；等到排卵後，黃體逐漸升高，基礎體溫會維持在36. 7度以上，我們稱之為基礎體溫雙相（請見【圖4-2-2】）。

理想狀態，高溫期與低溫期的溫度差最好是在0.4－0.5度，高溫期與低溫期的時間都在十二到十四天，月經經行時間介於五到七天。如果備孕的婦女在接近排卵期時有行房，之後基礎體溫高溫超過十八天，就會合理推論可能懷孕了。

【圖 4-2-1】月經週期中卵巢、基礎體溫、荷爾蒙與子宮內膜的變化

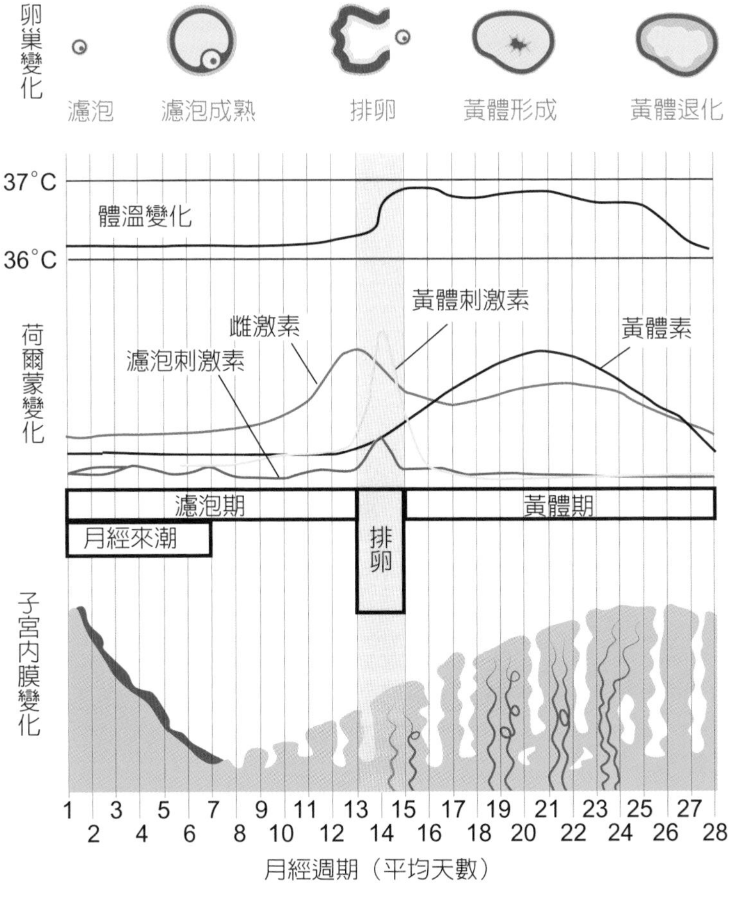

【圖 4-2-2】

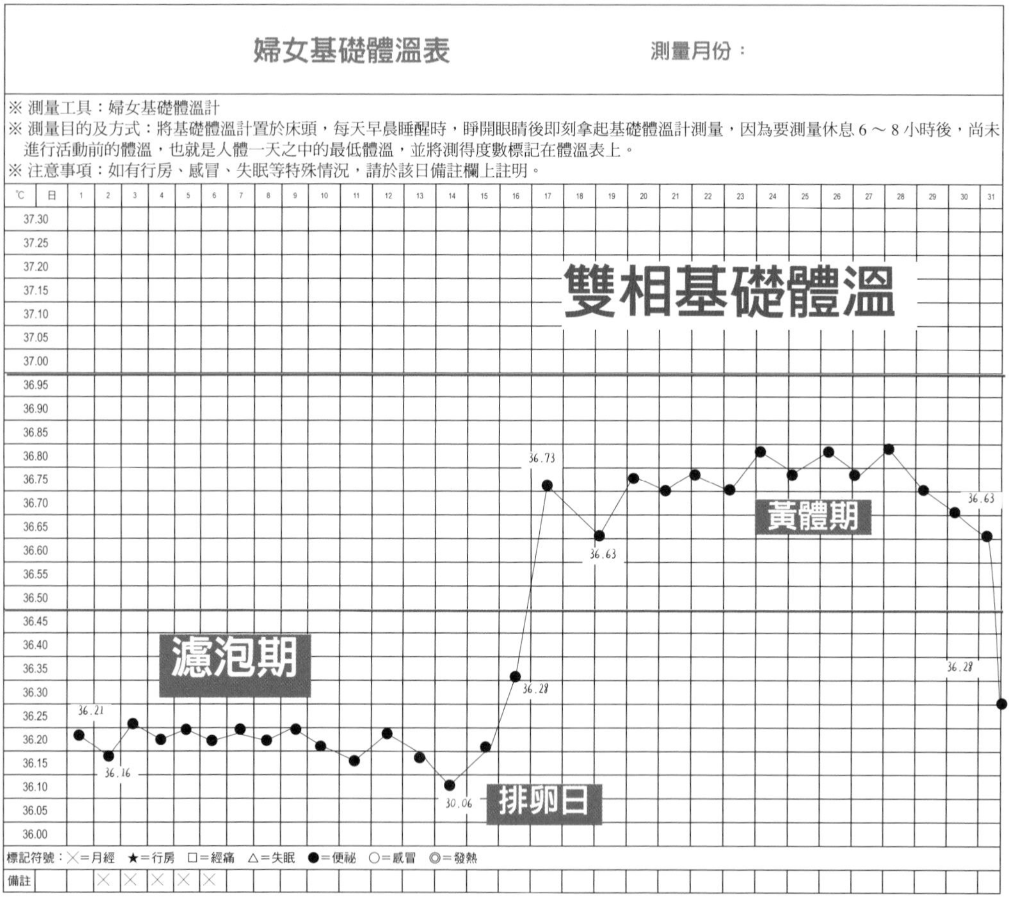
婦女基礎體溫表
測量月份：
※ 測量工具：婦女基礎體溫計
※ 測量目的及方式：將基礎體溫計置於床頭，每天早晨睡醒時，睜開眼睛後即刻拿起基礎體溫計測量，因為要測量休息 6 ～ 8 小時後，尚未進行活動前的體溫，也就是人體一天之中的最低體溫，並將測得度數標記在體溫表上。
※ 注意事項：如有行房、感冒、失眠等特殊情況，請於該日備註欄上註明。
℃
日
1 2 3 4 5 6 7 8 9 10 11 12 13 14 15 16 17 18 19 20 21 22 23 24 25 26 27 28 29 30 31
37.30 37.25 37.20 37.15 37.10 37.05 37.00 36.95 36.90 36.85 36.80 36.75 36.70 36.65 36.60 36.55 36.50 36.45 36.40 36.35 36.30 36.25 36.20 36.15 36.10 36.05 36.00
雙相基礎體溫
濾泡期
黃體期
排卵日
36.21
36.16
30.06
36.28
36.73
36.63
36.63
36.28
標記符號：╳＝月經 ★＝行房 □＝經痛 △＝失眠 ●＝便祕 ○＝感冒 ◎＝發熱
備註

附上三張多囊性卵巢症候群患者自己用APP紀錄的基礎體溫表（【圖4-2-3～4-2-5】），她的月經週期是規則的，可是由前三個月的基礎體溫表可以了解她的黃體素不足。二〇一五年四月初診，開始基礎體溫量測，但是基礎體溫並無雙相，五月高溫期不甚理想，六月有改善，七月就很明顯有高低溫雙相，可以看到她七月十八日月經來潮，第十二天排卵，八月十八日預計該來月經的時間仍持續高溫，一進門診直接驗孕，果然很明顯的兩條線！虛線的部分是沒有量測到的時間，即使偶爾幾天沒有量也不影響趨勢，所以不要壓力太大。

【圖4-2-3】 4月體溫紀錄—基礎體溫無雙相

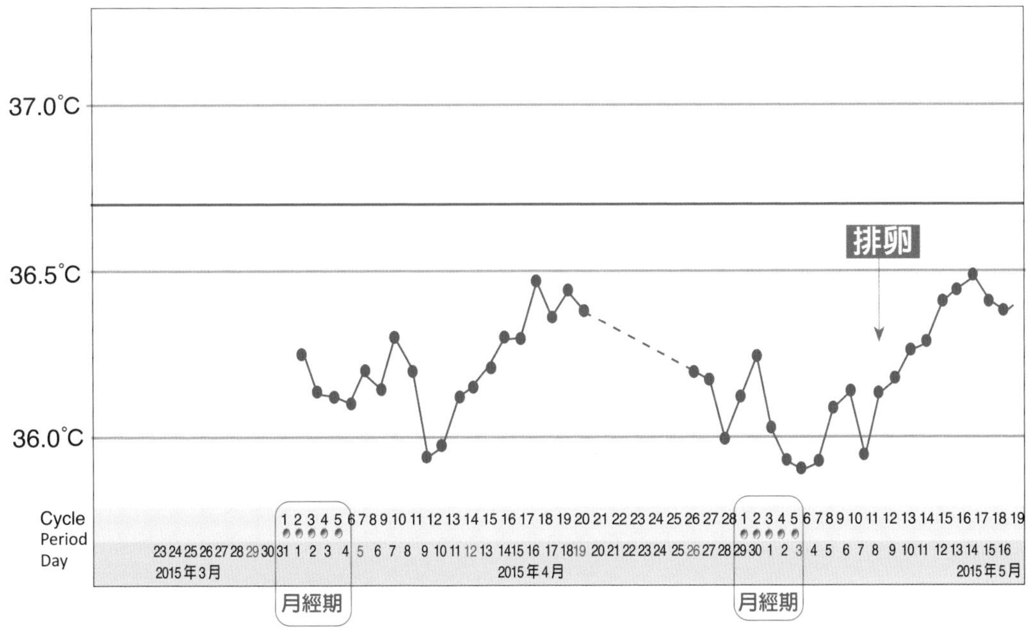

【圖 4-2-4】

5 月體溫紀錄－高溫期有改善

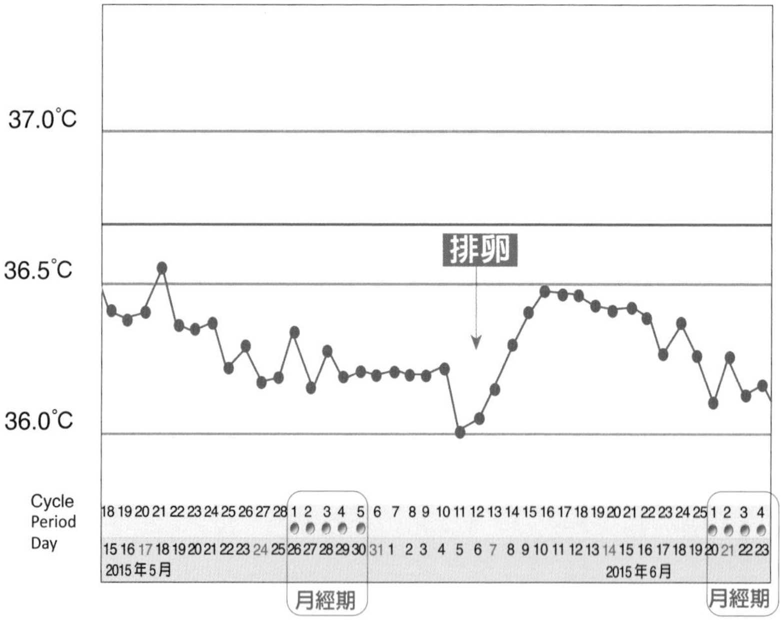

【圖 4-2-5】

7 月體溫紀錄－明顯有高低溫雙相

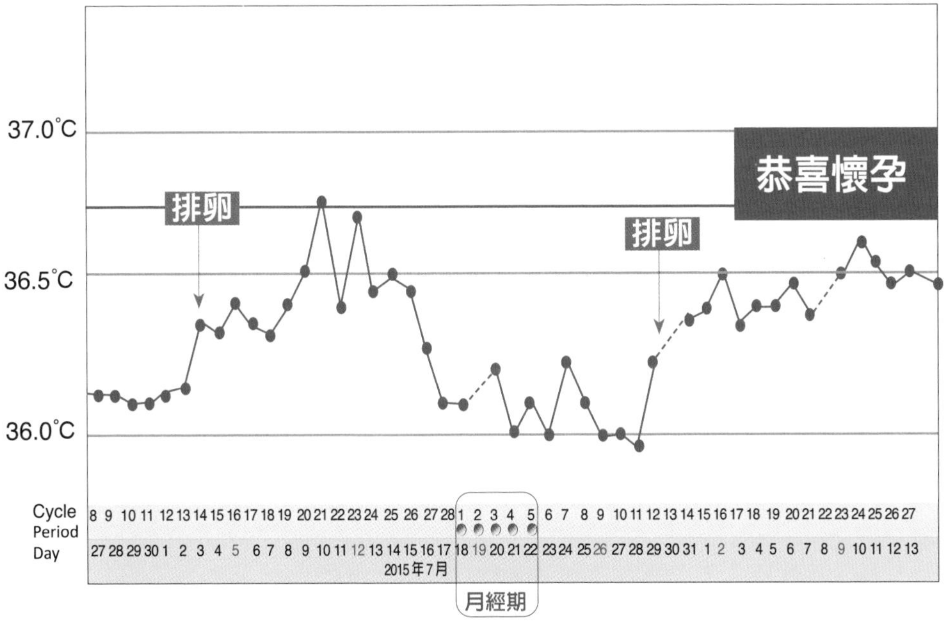

基礎體溫怎麼量呢？不是量額溫、也不是量腋溫喔！是量舌下的溫度，將基礎體溫計放在床邊伸手可及之處，每天早上醒來，躺在床上還沒進行任何活動前將基礎體溫計開啓，放置舌下量測。現在溫度計都是電子式的，開啓時及量測完畢都會有「嗶」聲提醒，也有記憶功能，如果怕來不及記錄，可以晚上回家再做記錄溫度的動作，而且手機的APP可以自動將數字化爲圖表，其實很便利。

有些人會說睡不到七個小時、半夜起床上廁所、每天起床時間不一定……怎麼辦？基本上基礎體溫是看趨勢，有無雙相（高低溫）變化可以協助醫生判斷、卵巢的功能、子宮收縮狀況、黃體功能等，一兩天忘記量或時差、早睡晚起等狀況，在兩到三個月的量測觀察中其實是可以「校正」的。

各種基礎體溫表代表的意義

1. 濾泡品質不良加子宮收縮功能不佳

【圖 4-2-6】這張基礎體溫月經來潮後仍然在高溫，月經第四天感覺結束了，之後又再出血三天，月經來潮後基礎體溫仍在高溫，表示代表濾泡品質不良，月經感覺快結束了，第五天又再出血，表示子宮收縮功能不佳，內膜剝落情形不理想。低溫期是卵泡發育的時間，在中醫認爲是「養陰」的階段，在這個階段雖然看似蟄伏，其實生理各種狀態都在蓬勃發展，準備孕育

【圖 4-2-6】

婦女基礎體溫表

測量月份：

※ 測量工具：婦女基礎體溫計
※ 測量目的及方式：將基礎體溫計置於床頭，每天早晨睡醒時，睜開眼睛後即刻拿起基礎體溫計測量，因為要測量休息 6 ～ 8 小時後，尚未進行活動前的體溫，也就是人體一天之中的最低體溫，並將測得度數標記在體溫表上。
※ 注意事項：如有行房、感冒、失眠等特殊情況，請於該日備註欄上註明。

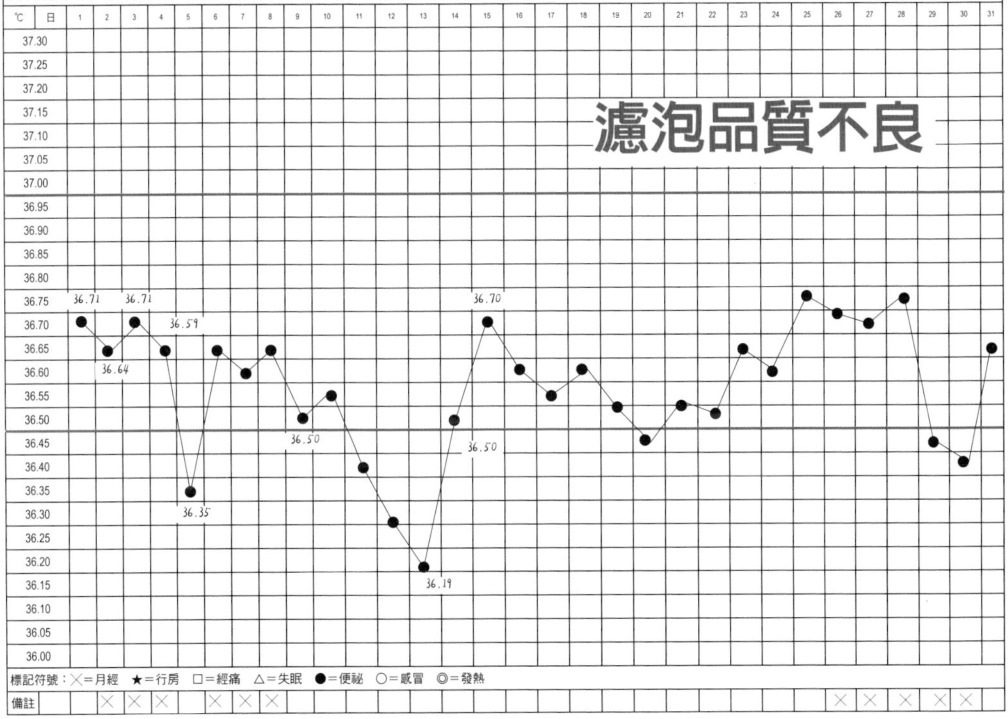

一個適合生育的環境。

所以這樣的基礎體溫不是個「好的開始」，可以預期卵泡及子宮的環境並沒有準備好，我們調整月經週期的方法，在月經來潮時（月經期）會用活血祛瘀生新的方法，來改善內膜的環境；濾泡期加強養陰甚至清熱的藥物，讓基礎體溫改善；在高溫期（黃體期）用滋陰助陽的方式，讓內膜維持穩定；另外月經來潮前（黃體後期）會用理氣活血的藥物來改善內膜剝落的情形。一般需要兩到三個月經週期將子宮環境準備好，子宮是寶寶的第一個房間，安排好房間，他（她）才能順利平安在裡面安住兩百八十天。

2. 排卵過早

從【圖 4-2-7】這個基礎體溫表上可知月經週期只有二十一天，在第九天就出現排卵的低溫，月經來潮的基礎體溫也偏高，通常也是卵子的品質不好，卵泡還不夠成熟就太早排出了，這樣很容易會受精失敗，無法懷孕。

調整的方式會用「養卵」的方法，中醫有很多「取類比像」的作法，以前常聽說「以形補形」，所以藥膳食材裡有很多會加動物內臟當引經藥，即一般所說的「藥引」；而種子是萬物生發的起源，中藥材裡有很多種子類的品項，例如菟絲子、枸杞、覆盆子、車前子……果肉豐厚，而果核或種子在中心的，如蘋果、桃子、李子等可以養陰，幫助卵子的品質提升。

一般卵子從初級卵母細胞發展到肉眼可見的卵巢裡的基礎濾泡大約需時八十到一百一十天，

【圖 4-2-7】

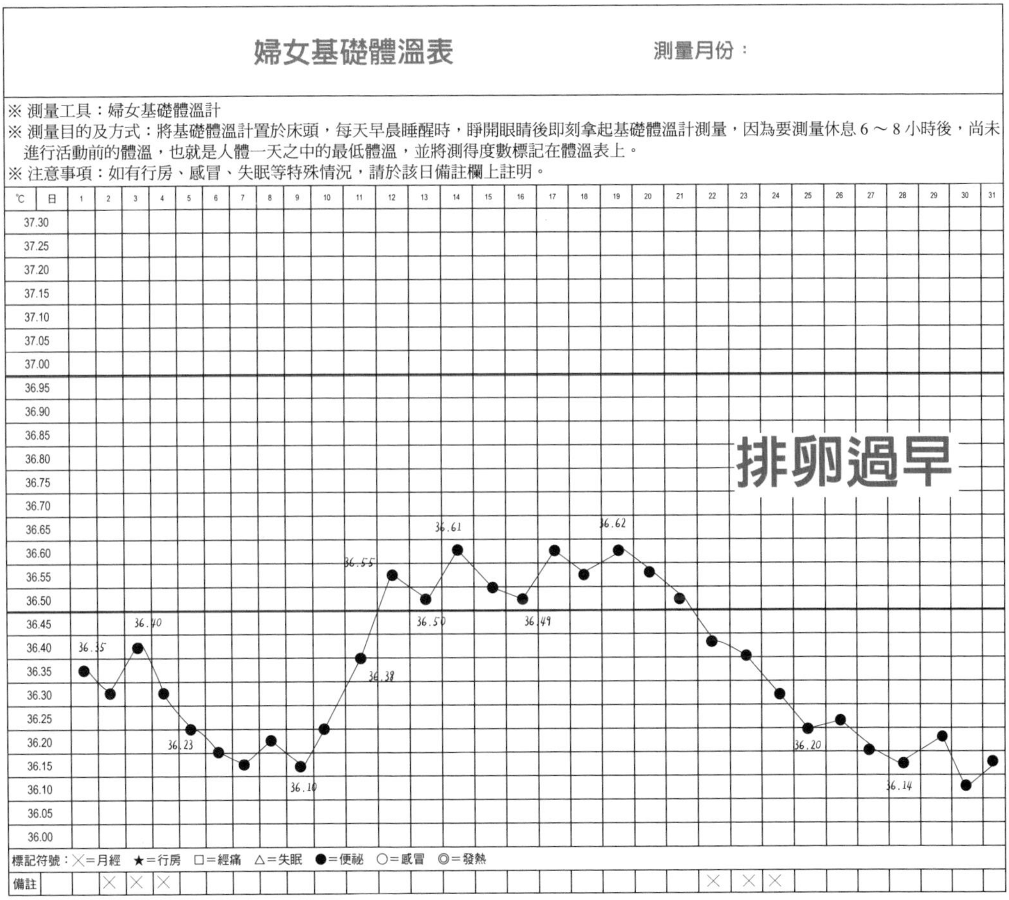
婦女基礎體溫表
測量月份：
※ 測量工具：婦女基礎體溫計
※ 測量目的及方式：將基礎體溫計置於床頭，每天早晨睡醒時，睜開眼睛後即刻拿起基礎體溫計測量，因為要測量休息 6 ～ 8 小時後，尚未進行活動前的體溫，也就是人體一天之中的最低體溫，並將測得度數標記在體溫表上。
※ 注意事項：如有行房、感冒、失眠等特殊情況，請於該日備註欄上註明。
℃
日
1 2 3 4 5 6 7 8 9 10 11 12 13 14 15 16 17 18 19 20 21 22 23 24 25 26 27 28 29 30 31
37.30
37.25
37.20
37.15
37.10
37.05
37.00
36.95
36.90
36.85
36.80
36.75
36.70
36.65
36.60
36.55
36.50
36.45
36.40
36.35
36.30
36.25
36.20
36.15
36.10
36.05
36.00
排卵過早
36.35
36.40
36.23
36.10
36.38
36.55
36.50
36.61
36.49
36.62
36.20
36.14
標記符號：╳＝月經 ★＝行房 □＝經痛 △＝失眠 ●＝便祕 ○＝感冒 ◎＝發熱
備註

所以養卵通常需要三到四個月的時間。一般而言，卵子的品質好，接下來的黃體期天數也會跟著增加，可以預見之後基礎體溫會往標準範本看齊！

3.肝氣鬱結型

經過了前面幾張圖的訓練後，再來看【圖 4-2-8】這份基礎體溫表，溫度高低起伏很大，看不出明顯的低溫、高溫、排卵期，一般會判定爲無排卵月經。可能有人會有疑問，既然沒有排卵，爲什麼月經還會準時報到？這就跟吃避孕藥一樣，荷爾蒙的分泌與排卵脫鉤了。

臨床上，在泌乳素過高、易緊張、壓力大、某一類型的多囊性卵巢症候群女性身上會看到這樣的基礎體溫表。中醫稱「肝氣鬱結」型，身材高瘦、情緒起伏大、肩頸僵硬、頭痛、經前症候群明顯（易怒、焦慮、憂鬱、體重增加、愛吃東西、下腹及胸部腫脹、脹氣或便祕、身體水腫、經前失眠等症狀）、生理痘、經前口瘡或口唇疱疹、喜歡喝冰的、又容易手腳冰冷。常見的「加味姑嫂丸」廣告就是針對這類型的女性，只要氣血調達就會月經順了。一般會利用月經週期的不同階段做調理，大致分排卵前疏肝理氣還要養陰補血，排卵後加活血清熱的藥物，讓月經順順地來報到。

【圖 4-2-8】

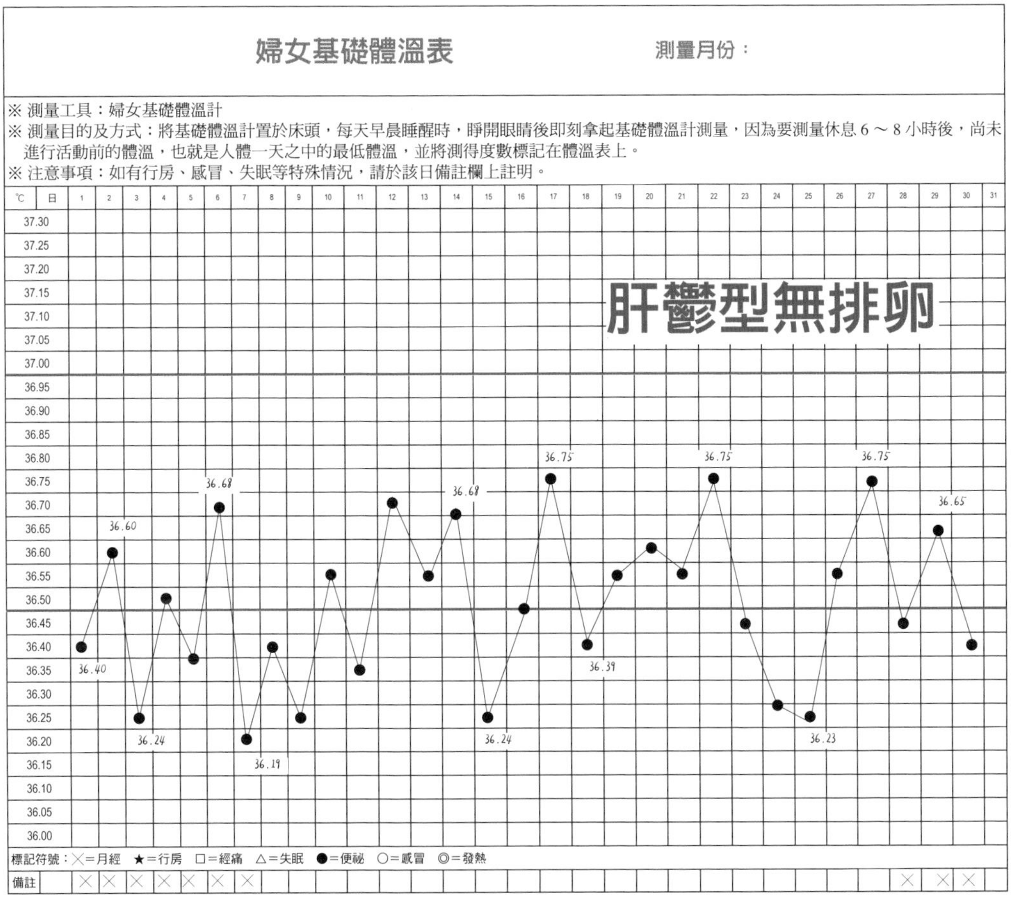
婦女基礎體溫表
測量月份：
※ 測量工具：婦女基礎體溫計
※ 測量目的及方式：將基礎體溫計置於床頭，每天早晨睡醒時，睜開眼睛後即刻拿起基礎體溫計測量，因為要測量休息 6 ～ 8 小時後，尚未進行活動前的體溫，也就是人體一天之中的最低體溫，並將測得度數標記在體溫表上。
※ 注意事項：如有行房、感冒、失眠等特殊情況，請於該日備註欄上註明。
℃
日
肝鬱型無排卵
36.40
36.60
36.24
36.68
36.19
36.68
36.24
36.75
36.39
36.75
36.23
36.75
36.65
標記符號：╳＝月經 ★＝行房 □＝經痛 △＝失眠 ●＝便祕 ○＝感冒 ◎＝發熱
備註

4.黃體不足

【圖4-2-9】這張圖的基礎體溫是典型的「黃體素不足」，高溫期不到十天、高溫偏低，臨床表現容易有經前緊張、焦慮、睡不好、乳房脹、頭痛、水腫的經前症候群，月經還沒正式來報到就開始有點狀出血。黃體素是「助孕」激素，可以讓子宮內膜維持厚度，穩定胚胎著床，所以黃體不足的婦女，容易流產，而懷孕期中也有容易出血的症狀。

黃體是由卵子排出後的濾泡產生的，如果卵子的品質不好，自然後續產生的黃體素也會不足，自然不易受孕。黃體

【圖4-2-9】

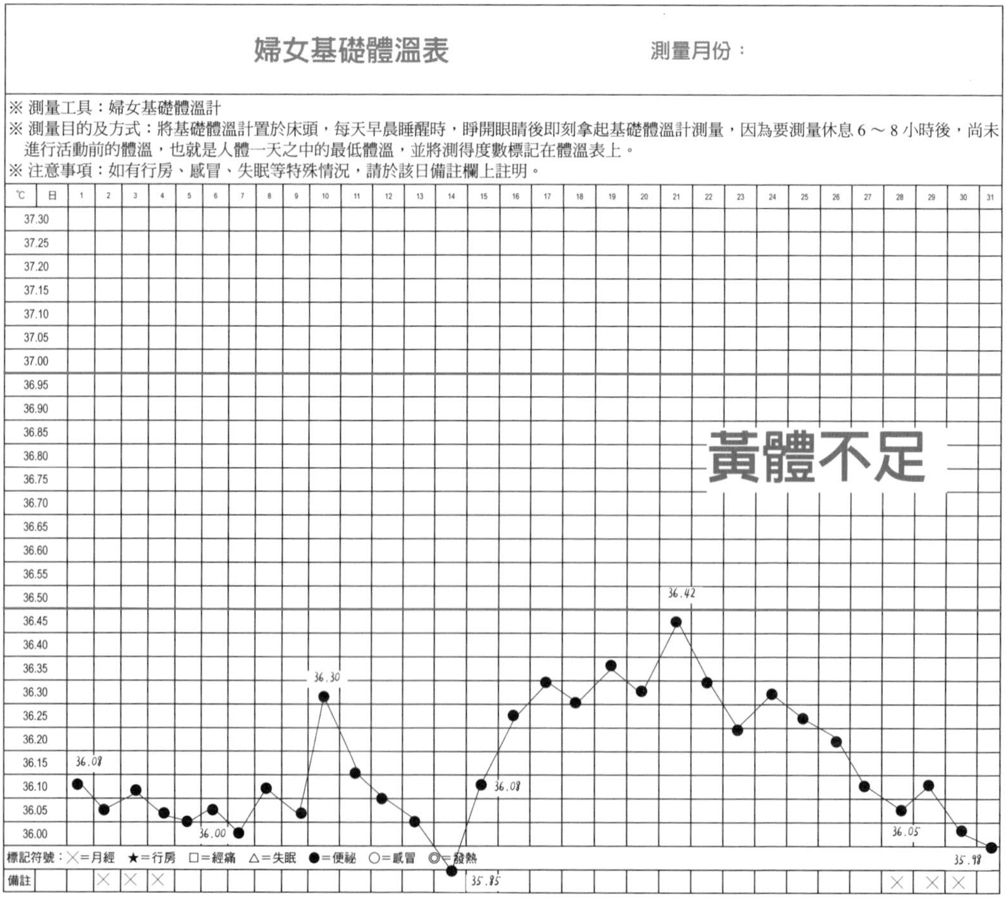
婦女基礎體溫表
測量月份：
※ 測量工具：婦女基礎體溫計
※ 測量目的及方式：將基礎體溫計置於床頭，每天早晨睡醒時，睜開眼睛後即刻拿起基礎體溫計測量，因為要測量休息6～8小時後，尚未進行活動前的體溫，也就是人體一天之中的最低體溫，並將測得度數標記在體溫表上。
※ 注意事項：如有行房、感冒、失眠等特殊情況，請於該日備註欄上註明。
黃體不足
36.08
36.00
36.30
35.85
36.08
36.42
36.05
35.98
標記符號：╳＝月經 ★＝行房 □＝經痛 △＝失眠 ●＝便祕 ○＝感冒 ◎＝發熱
備註

素不足常見於子宮內膜異位症、多囊性卵巢症候群、泌乳素過高或單純月經量少、易手腳冰冷的女性身上。中醫認為生殖內分泌系統屬腎，所以腎氣不足、容易腰痠、倦怠、免疫力差及怕冷、水腫等，可以用補腎氣的方法，例如常吃黑色的食物及補氣的藥物；然而腎虛還可能夾雜其他兼症，例如肝氣鬱結、易怒、焦慮等，可以用些花草茶疏肝解鬱；或是夾脾胃虛弱，經前腹瀉者，多吃山藥、薏仁等，常用於四神湯的食材會有幫助。

四神湯組成：山藥、茯苓、芡實、蓮子

5.基礎體溫整體偏低，不排卵

【圖 4-2-10】這種基礎體溫整體偏低，常見於體型豐滿的多囊性卵巢症候群不容易排卵的婦女，或是林黛玉型手腳冰冷、西施般身體柔弱的女子。月經來的量少、月經的顏色也比較偏淡，月經有時週期比較長，甚至兩個月才來一次。不過這是中醫師最喜歡的型態，這種女性陽氣不足，整體氣血不足，可以用大劑量的補氣血中藥，讓她的能量提升，整個基礎體溫往上移，再依據月經週期療法的方式，讓基礎體溫呈現雙相變化！除了擔心有些會有「虛不受補」的狀況，出現腹脹、嘴破或煩躁等狀況，大部分的婦女用坊間的八珍湯、十全大補湯等就可以讓基礎體溫改善。

【圖 4-2-10】

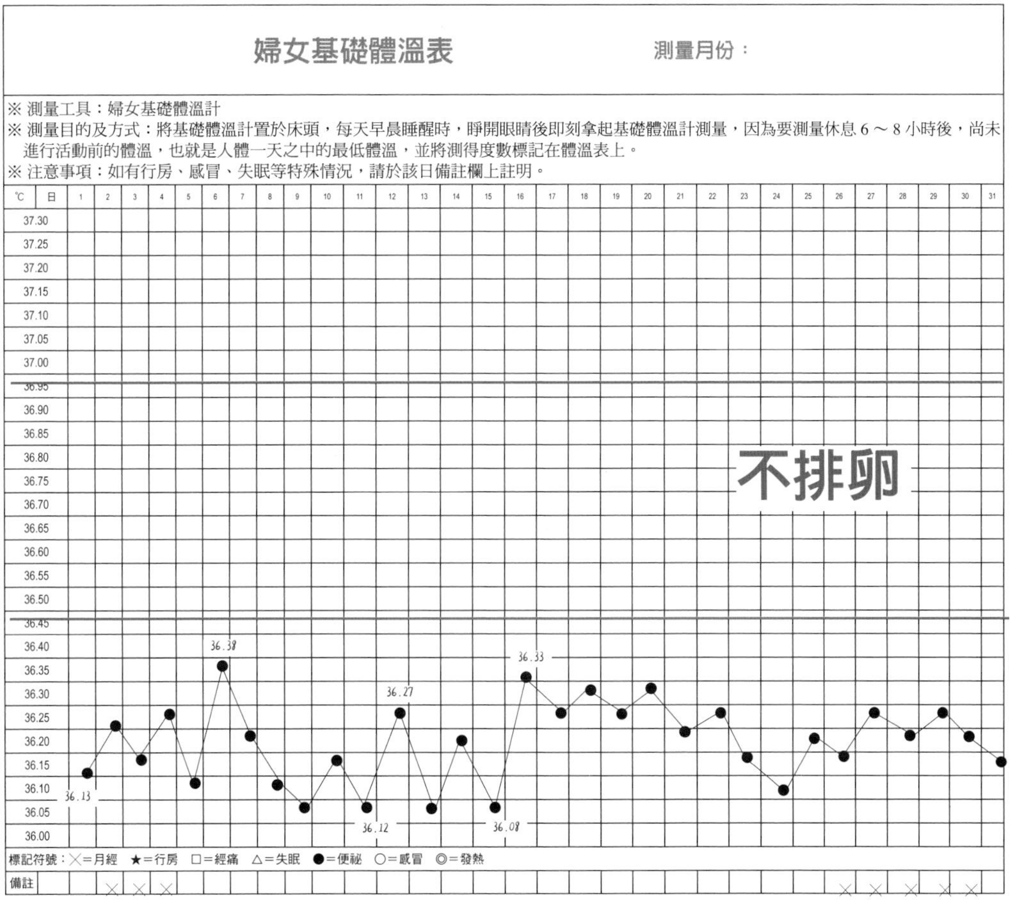
婦女基礎體溫表
測量月份：
※ 測量工具：婦女基礎體溫計
※ 測量目的及方式：將基礎體溫計置於床頭，每天早晨睡醒時，睜開眼睛後即刻拿起基礎體溫計測量，因為要測量休息 6 ～ 8 小時後，尚未進行活動前的體溫，也就是人體一天之中的最低體溫，並將測得度數標記在體溫表上。
※ 注意事項：如有行房、感冒、失眠等特殊情況，請於該日備註欄上註明。
℃
日
不排卵
36.13
36.38
36.27
36.12
36.33
36.08
標記符號：╳＝月經　★＝行房　□＝經痛　△＝失眠　●＝便祕　○＝感冒　◎＝發熱
備註

以上介紹了幾種基礎體溫的類型；可能有人會懷疑有這麼容易嗎？我怎麼看不出端倪？尤其是患有多囊性卵巢症候群的朋友，週期有時候非常長，不容易一下子看到脈絡。然而答案是肯定的，「萬變不離其宗」，只要了解女性生理週期的變化，把基礎體溫切出行經期、濾泡期、排卵期、黃體期，就可以從基礎體溫的趨勢找到規律。臨床上的經驗是，規律排卵的基礎體溫出現後大概三個月內生殖檢查沒有問題的夫妻，就有機會自然受孕了。現在就動手下載APP、準備基礎體溫計，每天早上醒來還沒下床前，開始為自己的女性荷爾蒙變化做觀察紀錄吧！

最後必須提醒的是，基礎體溫跟女性生理荷爾蒙的變化有關，可以讓女性朋友提升對自己身體狀況的覺知能力，協助夫妻在求子的路上較準確的判斷如何調整體質，以及為何受孕困難，並找到適當的行房時機。但是若患有輸卵管水腫、子宮內膜癌、子宮頸癌、子宮息肉、子宮肌瘤等無法從基礎體溫得知。惡性腫瘤尤其攸關母嬰健康，孕齡婦女最好能定期到婦產科做檢查。

Chapter 5
提升卵實力

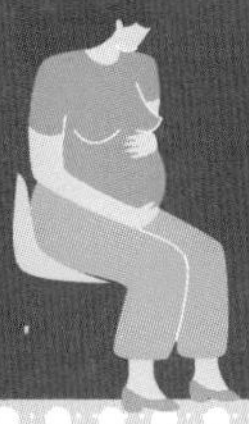

5-1 如何養出好卵子？

能否成功受孕與五臟息息相關

傳宗接代、孕育新生命是生物延續的本能，不易懷孕並非疾病，而是身體呈現亞健康狀態，所以女性不易懷孕的因素大多以「症候群」稱呼，如多囊性卵巢症候群、卵巢早衰症候群、甲狀腺機能異常、免疫排斥等，只有部分器官上的異常會影響生育，如輸卵管阻塞、雙角子宮、子宮肌腺症等疾病。

正因爲難孕屬於亞健康狀態，跟人體的生理恆定比較相關，與中醫的「調理」概念契合，所以夫妻不容易受孕時，第一個想到的是中醫。

關於女性懷孕生子，前文提過《黃帝內經》裡的一段話把女性的生殖功能說得透澈：

> 女子七歲，腎氣盛，齒更髮長；二七而天癸至，任脈通，太衝脈盛，月事以時下，故有子；三七，腎氣平均，故眞牙生而長極；四七筋骨堅，髮長極，身體盛壯；五七，陽明脈衰，面始焦，

髮始墮；六七，三陽脈衰於上，面皆焦，髮始白；七七，任脈虛，太衝脈衰少，天癸竭，地道不通，故形壞而無子也。

意思是說，女孩子七歲開始長牙，十四歲月經來潮，只要經脈通暢，月經規則，就可以懷胎生子了，二十一歲腎氣還在持續生長，到了二十八歲是身體的巔峰期，可見自古至今，生育最適合的年齡在二十五到三十歲之間。

腎。中醫認爲腎藏精、腎主生殖，腎精的生成、貯藏和排泄，對人類的整個生殖功能起著重要的作用。腎氣是人的先天根本，基本上是父母先天賜予的，老祖宗的智慧告訴我們可以用減少欲望、不要過度操勞損耗身體、順應大自然來保養我們的腎氣。

心。《黃帝內經．素問》裡提到「月事不來者，胞脈閉也。胞脈者屬心而絡于胞中，今氣上迫肺，心氣不得下通，故月事不來也。」心血旺盛，心氣下通，心腎相交，才能維持月經週期的規律。《素問．五藏生成》：「諸血者，皆屬於心。」從精卵要結合那一刻起，就跟「血」有密不可分的關係。現今的子宮肌腺症、免疫性不孕、子宮內膜薄等都被認爲跟瘀血有關，也就離不開「心」的範疇。

肝。是人體最大的血庫，跟衝、任二脈相關，肝的功能是喜歡往外疏泄的，跟情緒、壓力排解有很大的關係，所以說女子以肝爲先天。在備孕的過程中，未來媽媽們往往承受極大的壓力，或是對自己的生涯規畫停滯不前產生焦慮，也可能是外來的荷爾蒙補充導致身體的不適，這些都可以簡單地用「肝氣不疏」來看待。因此在問診過程中發現若是自我期許很高、要求完美、或是有來自親友壓力的人，很容易會有睡眠障礙、腸胃脹氣、情緒起伏等狀況，建議平時可以利用運動，練習呼吸調息，以及利用薰香、花茶等植物的療癒力量幫助自己，或是培養興趣轉移注意力等方法來改善。

脾。中醫所說的「脾」，除了造血、儲藏血液跟免疫的功能外，脾可以統籌一身血液的去處，脾氣虛血就會亂行，會有出血症、經量很大像血崩；血虛就沒有足夠的血液涵養胚胎，所以無法順利受孕。臨床上就會看到皮膚黯沉、容易疲倦健忘、掉頭髮或是髮質乾燥分叉、手腳冰冷、腸胃吸收功能差等狀況，可以用四神湯、歸脾湯等健脾補氣血。

肺。肺主一身之氣，與排卵功能障礙有關，肺氣不足，無法通調水道，脾氣、腎氣也會跟著受影響，目前最常見的就是新冠疫苗施打後月經週期改變或新冠肺炎確診後影響到精卵的品質，民間常使用的黃耆、人參就是很好的補肺氣材料。所以中醫認為受孕成功與否，跟五臟中的心、肝、脾、腎、肺有很大的關連。

腦、髓、骨、脈、膽、女子胞這六個器官沒有成對或相應的器官，又有特殊的生理功能，所以稱為奇恆之府。子宮，中醫稱胞宮、女子胞、胞臟，是女性獨特的器官，有排出月經和孕育胎兒的功能；王冰《黃帝內經素問補註》：「衝脈、任脈，皆奇經脈也。腎氣全盛，衝、任流通，經血漸盈，應時而下……然衝為血海，任主胞胎，二者相資，故能有子。」因此，女性可以懷孕生子，是在臟腑和天癸、衝、任、督、帶共同作用下，才能完成。

調經種子，想要懷孕，老祖宗開宗明義告訴我們要「調經」，這個章節我們先介紹女性的生殖生理有一定脈絡可以調理月經週期，之後〈養精蓄銳篇〉再詳細說明要懷孕不是單靠好的卵子，老祖宗也教我們精卵受精及受精卵著床過程產生了怎樣的生理變化，才能順利有新生命誕生。

我們可以將中醫月經生理的五臟與經絡關係以心－腎－子宮軸圖示，與生殖醫學所描述的女性下視丘－腦下垂體－卵巢軸（Hypothalamic-Pituitary-Ovarian axis, HPOA）相對應（請見【圖 5-1-1】）。

介紹完中醫對女性生育的生理觀點，我們知道女性要懷孕必須要排出一顆健康的卵子，還要有能力可以讓卵子受精的精蟲、有通暢的輸卵管讓精卵相遇及運送受精卵、有可以讓胚胎著床的子宮。臨床上，造成女性難以受孕的問題可以分爲器質性跟功能性，器質性的問題如子宮肌腺症、巧克力囊腫、子宮肌瘤、輸卵管沾黏、骨盆腔感染、雙角子宮等，有些還是必須借助生殖醫學的介入，才有辦法讓精卵成功結合、順利在子宮內發育；功能性的是指內分泌系統出問

【圖 5-1-1】 女性下視丘－腦下垂體－卵巢軸（HPOA）

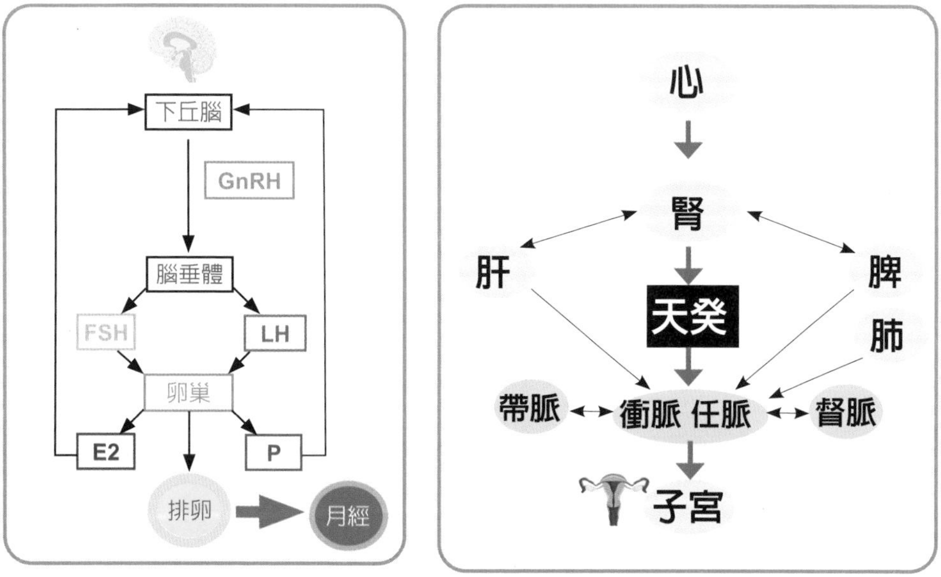

題，如甲狀腺亢進或甲狀腺低下、卵巢早衰、多囊性卵巢症候群、糖尿病、高泌乳血症等，而臨床常見的反覆性流產、免疫性不孕可以說是更複雜的功能性難孕，必須很熟悉臟腑與奇經八脈的功能，透過藥物或針灸協調彼此的作用，才有辦法拆解人類生育的難題。

破解AMH迷思

有些女性AMH（抗穆勒氏管荷爾蒙）的數值很低，但還是懷孕生小孩了。畢竟一個寶寶只需要一顆卵子跟精子結合，只要有一顆健康且正常排出的卵子與健康正常的精子相遇，就有機會發育成胚胎！所以在自然受孕裡，優質的一顆卵泡敵過AMH數字漂亮的卵泡。不過在試管嬰兒和人工受孕療程中，AMH是很重要的數值，以科學的角度來看，AMH指數的高低可以間接代表卵巢的功能，而卵巢功能是預測生育能力的重要指標，影響懷孕和試管嬰兒成功的重要因素。

我常把AMH比喻成銀行存款，存款多的，在面對外來物質誘惑（排卵針刺激）時，可以肆無忌憚的花用；存款少的，我們撙節開銷，量入爲出，還是可以衣食無缺、頤養天年。不過金山銀山還是有坐吃山空的一天，門診很多女性朋友就是發現AMH數值一年左右折損一半以上，才趕快來養卵，儲備「卵實力」，所以一些有觀念的女性，會定期健檢時檢測自己AMH數值。面對生育力AMH的檢測，可以參考紐約人類生殖中心（Center for Human

Reproduction）的建議：小於三十三歲女性2.1 ng/mL，三十三至三十七歲1.7 ng/mL，三十八至四十歲1.1 ng/mL，大於等於四十一歲0.5 ng/mL，利用生殖技術輔助，也可以順利完成當爸媽的夢想！

必須強調AMH不是決定懷孕的關鍵，我認為年齡還是目前最難突破的關卡！我有一位同事，二十四歲念研究所時月經就開始不規則、經量也很少，AMH 0.16，二十八歲就開始進行試管療程，三十一歲來門診時已經是照不到基礎卵泡、需使用荷爾蒙才能來月經，皮膚失去光澤、心情沮喪異常，感覺就像枯萎的花朵。經過解說，服用中藥、針灸、薰臍，基礎體溫量測，雖然沒有使用荷爾蒙，不放心的她，還是持續照卵泡、抽血，三個多月後有卵泡產生了，指數看起來也不錯，執行人工授精（Intrauterine insemination, IUI）成功擁有雙胞胎姊妹花！過去也曾有同樣三十二歲但AMH高達22的女性，與AMH 0.16，相差上百倍的數字，但是從進診間到懷孕的時間，兩個同齡女性差不多都是三個多月。

【表5-1-1】

年齡	AMH
<33歲	～2.1 ng/mL
33～37歲	～1.7 ng/mL
38～40歲	～1.1 ng/mL
≧41歲	～0.5 ng/mL

「三個多月」這個時間也不是我定的，實驗數據跟臨床觀察結果發現卵子從庫存區提取到暫存區，大概就是八十天，暫存區的卵子才是這次月經週期裡有機會成熟長大、最後排出的卵子。所以中醫師跟患者說需要三個月到半年的時間，就是從這裡來的，有時候時間的不可控制不是個人因素，像這幾年新冠疫情，就有幾位朋友因為在「家人確診、居隔、自己確診」迴圈中，

一個半月沒辦法回診，時間就這樣流逝了。

也常常有朋友月經第五天快乾淨，也開始打排卵針進入取卵週期了，才來診間說要「養卵」，讓這次的取卵數目跟質量變好。這時候反而無法使用月經週期療法的規則來幫忙卵子的質量提升，只能借力使力，利用針灸、疏肝理氣跟活血養血的方法，使荷爾蒙針劑發揮最大的卵子美人功效，喚醒半睡半醒的卵子。

當一位女性朋友走進中醫的診間，中醫師會透過望、聞、問、切四診合參，再根據上面說的臟腑、經絡等問題，來辨別病因、病機，確定病位、病性、病勢擬定治療方法，辨證論治後開立處方。

以下介紹試管療程中常見女性難以受孕的幾種原因。

1. 壓力大：患者在做試管療程前的十二個月，所發生負面事件的數量，與懷孕率和取卵顆數減少有關喔！

· 承受較高壓力（遭遇暴力或父母患有嚴重疾病），長輩親友過度關心的婦女，懷孕率統計起來的確較低。

· 壓力大時會造成皮質醇分泌增加，這種和壓力相關的荷爾蒙，會降低卵子成熟所需的女性荷爾蒙（E2），進而影響療程結果。

2. 體重過重：會導致荷爾蒙改變及胰島素的阻抗作用，以及氧化壓力增加，都有可能影響IVF療程的成功率。

．BMI高（大於27）的婦女比正常體重的婦女（BMI20－27）活產率降低了33%。
．超重女性通常會降低：取卵總數、卵子成熟率、胚胎品質、懷孕率。
．過重婦女往往對卵巢刺激反應低，也需要較長時間服用更高劑量的藥物刺激卵泡生長，這可能是導致卵子品質下降的原因。

3.抽菸

．吸菸的女性活產率降低了30%，流產率增加了5%，她們測量出來的生育年齡也比實際年齡老了十歲！
．香菸煙霧中的有害誘變劑被偵側到可以進入卵子周圍的卵泡液，可能因此影響卵子品質。

4.飲酒

．每週喝酒超過四次的婦女，活產率降低了16%，受精率降低了48%。
．在取卵前一週飲酒，會使取卵數量減少13%，並增加後續流產率。酒精代謝會提高氧化壓力，進而影響卵子的品質！

Q&A

1.聽說「龜鹿二仙膠」可以養卵，是真的嗎？

龜鹿二仙膠強調大補陰陽氣血，屬於高貴藥材，適合熟齡人士，但是各家炮製及組成略有不同，有需要還是建議諮詢信任的中醫師。

2. 常聽成功求子的姊妹分享，喝滴雞精可以養卵，是真的嗎？
滴雞精含有豐富的蛋白質，適合體質虛弱、脾胃吸收差的人，不過滴雞精含鈉量高，易水腫、痛風、高血壓或腎臟功能不佳者慎用。

3. 看到網路上分享，多運動、補充蛋白質可以幫助養卵，是真的嗎？
蛋白質是合成各種酵素、抗體、DNA的營養素，如果平時營養攝取不足，才需要額外補充。

4. 太太可以做什麼／吃什麼來養卵呢？
D3、DHEA、Q10、優質蛋白等可以讓卵子較健康，但是均衡的飲食及體重控制更重要。有氧運動可以促進代謝循環，並且紓壓。

5. 可以用針灸養卵嗎？
針灸可幫助骨盆血液循環、促進代謝，直接作用在卵子孕育的地方，往往可以有意想不到的效果，不過建議還是由醫師評估。

6. 素食者可以吃什麼養卵呢？
吃素者可以補充葉酸、鐵、鈣、D3、DHEA、Q10、堅果及豆製品及富含花青素的水果，此外中藥也是很好的選擇。

7. 我有多囊性卵巢症候群，可以吃中藥嗎？

多囊性卵巢症候群對荷爾蒙的感受性較差，可以利用中藥改善卵巢對荷爾蒙的敏感度，也可以幫助月經週期規則、規律排卵。

8. 體重會影響卵巢功能嗎？可以吃中藥改善嗎？

太重或太瘦都會影響卵巢的功能。如果飲食及運動控制仍無法改善體重，可以使用中藥調整身體機能。

9. 夫妻都是外食族，可以靠中藥調身體固卵壯精嗎？

中藥富含多酚、類黃酮、多醣，可以抗氧化保護細胞，是維持身體機能不可或缺的元素，可以讓精蟲及卵子更健康。

10. 目前還沒有對象，只是我想先凍卵，留住青春的卵子，需要用中醫養卵後再凍卵嗎？

「凍卵」技術的突破，是女性生育自主的一大福音，很多在事業打拚或目前沒有遇到 Mr.Right 的女性朋友，會選擇凍卵，讓自己的卵子保留在比較年輕的狀態。不過凍卵的目的是爲了以後能擁有自己的孩子，卵子解凍再使用難免有耗損，所以「卵子的品質」「取卵的數量」與實驗室操作的穩定度更是重要。建議想凍卵的女性朋友可以用三到六個月「養卵」，以獲取更優質的卵子。另外，養育小孩很需要體力，千萬不要以爲已經凍卵、等快更年期了才來考慮生養小孩。

5-2 卵巢早衰SOS，重質不重量

案例

這二十多年來，我遇過兩個特殊的案例，在我臨床遇到瓶頸時，都會拿出來鼓勵自己，繼續堅持下去。

1.多次試管失敗，靠針灸、中藥調理，自然受孕

K女士三十八歲時走進診間，當時的她已經在美國、歐洲做過試管嬰兒失敗，來到台灣在台大、榮總、北醫的生殖中心進行療程也失敗，最後因爲AMH測不到、也沒有基礎濾泡，無法進行取卵，各大生殖中心一律建議借卵。先生是研究中華文化的外籍人士，帶著焦慮無法入眠、飽受挫折又煩躁易怒的她來試試看中醫。

因爲K女士的FSH值12，經過這麼多次試管療程的挫敗，來到診間時，眼神是渙散

的，語氣充滿焦慮而無助，我先從安神、調節自律神經系統開始，搶救她的神經內分泌系統，避免走向更年期停經，沒使用過中醫藥的她，第一次針灸後她腹脹、煩躁的情形有比較好，因此也很配合的每週針灸兩次，加上服用水煎藥。剛開始基礎體溫完全看不出規律，沒想到第三個月就有明顯的排卵訊號，非常有經驗的他們，也把握機會自己同房，在第十六天高溫後抽血B-Hcg 270，下個月也順利看到胎心音，之後也寫信告知產下一女，已經舉家回歐洲了！（PS. FSH（Follicle stimulating hormone，濾泡刺激素），促進卵巢中的濾泡發育及睪丸中的精子形成，與AMH同樣都是透過抽血檢驗，卵巢功能衰退時，FSH會上升，想要刺激卵巢排卵，FSH數字越小越好，10～12屬中度衰退，如果大於12就屬於嚴重衰退，大於25意味著接近更年期，如果刺激排卵可能只會有0～1顆卵。）

在備孕的試管療程中，不斷的打針、照超音波，難免影響心情，取卵後的下腹脹痛及植入後等待開獎的忐忑不安，到開獎失敗的挫折，女性的生理、心理蒙受巨大的壓力，有時候不是消炎止痛、抗焦慮、安眠藥物能夠處理，但是大自然賜給我們可以療癒身心的草藥，藉由中醫的辨證論治思路，透過天然植物的滋養，讓K女士的身心再次回到平衡狀態，自然受孕！

2.以中醫特殊的「疏肝理氣」「滋陰補腎調肝」法調控荷爾蒙

S小姐也是被生殖中心及胚胎實驗室譽爲奇蹟的個案。她在三十八歲左右診斷爲卵巢早衰，AMH 0.13，於是開始進行試管療程，在美國試管失敗後，回到台灣尋求試管療程，只有兩次取到卵子，一次受精失敗、一次鮮胚植入但是生化懷孕告終。四十二歲時進到診間，也是飽受失眠、自律神經失調所苦，開始來時先從疏理肝氣、養陰安神著手，搭配針灸改善自律神經失調狀況，讓她能好好休息；接下來利用滋陰補腎的方式，讓原本觀察不到卵泡的狀況有了轉機。非常有求知精神的她，每次都做足功課準時回診，用本子記錄她每天的狀況跟要問的問題，經過一年多的努力，終於取到一顆珍貴的卵子，胚胎實驗室發現胚胎分裂時出現三倍體，揭曉了S小姐無法生育的原因。近兩年的備孕期間，看她爲了要當媽媽，備受煎熬，心疼她五年來身心的磨難，鼓勵他們夫妻借卵，就在一切程序辦理妥當時，他們決定十二月先回美國一趟，順道過聖誕節，等農曆過年後再回來台灣進行植入。過年期間收到她的簡訊，說她自從十月底月經來潮，十一月回診時月經還沒來，到美國後月經還是沒有來，當下我心裡一驚「難道更年期了嗎？」，接著傳來一張寶寶的超音波圖片，預估已經14－15週大小了，原來她在出國前已經自然懷孕了！

她自述因爲從沒有這經驗，只知道體重增加、肚子變大，一月中驗孕才發現懷孕了，在美國約診又不方便，到要回台灣前才約到醫師檢查，確定有心跳、寶寶發育正常，準備買機票回台灣產檢了，才有機會告訴我這個好消息。二〇二二年七月順利生下一個兒子，這是她送給自己四十五歲最好的生日禮物！在診間也常聽到備孕的夫妻，出去一趟旅行就懷孕了。有時候身心放鬆，寶寶就降臨了！中醫特殊的「疏肝理氣」「滋陰補腎調肝」法應用在改善女性月經週期荷爾蒙調控上，有它獨到

的功效，不容小覷！

驗AMH，來預測「生殖力」

卵巢早衰、卵巢反應低下、卵巢庫存低下基本上是不一樣程度的卵巢功能危機。女性在四十歲以前出現卵巢功能減退的現象，稱爲卵巢早衰（Premature Ovarian Insufficiency, POI）。公認的POI的診斷標準，是四十歲以前出現至少四個月以上無月經，並有兩次或以上血清FSH>25IU/L（兩次檢查間隔一個月以上），同時伴見停經期症狀。不排除是因爲染色體異常，X染色體脆折症（fragile X）、透納氏症（Turner syndrome）、免疫問題還是先天性生殖器官發育異常或後天器質性疾病損傷而致的閉經。本病病因尚未完全明確，可能與遺傳、免疫、環境、壓力等因素有關。臨床上常見的是卵巢手術、化放療後引起的卵巢功能低下。普遍認爲抽菸、塑化劑汙染對卵巢功能也會造成傷害。

卵巢早衰的發生率預估約在1%，大部分來求子的未來媽媽是屬於卵巢反應低下（Poor Ovarian Response, POR）或卵巢庫存低下（Poor Ovarian Reserve, POR）。現在都會鼓勵女性朋友驗AMH（抗穆勒氏管荷爾蒙），來預測「生殖力」，這個荷爾蒙是由卵巢中未成熟的小卵泡分泌，理論上卵泡越多，AMH值會越高，但是AMH越高顯示卵巢卵泡的庫存量多，就代表越容易有baby嗎？其實不然，像多囊性卵巢症候群的個案AMH都偏高。然而高齡、

AMH小於1.0都是要積極儲備生育力的訊號。

卵巢反應低下是看看倉庫的鎖是不是生鏽了，所以打不開，無法提取產品；或倉庫裡的雜物堆積太多，導致找不到需要的產品，把不需要的障礙物排除；運輸產品的輸送帶沒有啓動，醫師把開關開啓試看看……這種優化SOP可以得到良率不錯的卵子，也是中西醫最能著力的！有時雖然庫存的卵很多，品質不好，可能會是屬於閉鎖、休眠狀態的卵泡，也無法排卵、受精，因此無法懷孕。有的女性朋友在抽血檢驗發現AMH小於1.0，很緊張地來就醫，過幾個月後再檢查卻發現AMH數值上升了，以爲中藥有甚麼神奇的魔法，讓卵變多了！其實不然，中藥唯一能做的事是「喚醒」沉睡中的卵子，並沒有辦法「無中生有」，幫身體合成新的卵子！反之亦然，有些四十歲以上的女性，初次驗到AMH大於9，吃了中藥調理後，基礎體溫正常的雙相了，月經也很規則、經血也是很漂亮的鮮紅色，卻發現AMH降到2～4，好像中藥是卵巢排卵的殺手似的。實際上是卵巢排卵功能正常，AMH回歸到這個年紀該有的水準！

所以在「庫存」到「排卵」之間，我想還有一個「暫存區」，我們每次月經來潮第二至四天超音波下可觀察到的基礎濾泡（AFC）就是從「暫存區」提領出來，準備排卵孕育新生命的「原料」，這過程還包含很多物理跟化學變化，老祖宗用「天癸」說明，而現代科學還未完

全解謎這個黑箱子。

卵巢庫存低下指的是年齡大於四十歲，AMH0.5～1.1，超音波下基礎濾泡數（AFC）少於五到七顆。大家常聽到這種說法，卵子的數目是固定的，隨著年紀增長，卵子的品質只會變差，卵子染色體異常率會增加，所以三十四歲以上的孕婦必須做羊膜穿刺檢驗，確保胎兒的染色體正常。因此卵巢被比喻為「倉庫」，只能提領、無法存入或製造新的卵子。卵巢庫存低下表示倉庫裡的存量不多了，這時來問醫師能不能增加庫存，答案是否定的。〈素問．上古天眞論〉裡說了：「女子七歲……七七，任脈虛，太衝脈衰少，天癸竭，地道不通，故形壞而無子也。」面對卵巢庫存低下，醫師能做的事只有陪著未來媽媽們「等待」一顆準備好的成熟卵子。

卵巢早衰跟卵巢庫存低下的差別在「年紀」，大家公認影響卵子品質最大的關鍵便是年紀。卵巢早衰的未來媽媽「等待」一顆成熟卵子的時間不亞於卵巢庫存低下的未來媽媽，但是她們有很大的兩個優勢：年齡跟卵子品質！她們得到優質成熟卵子的機率相對較高。但是這兩個族群

【圖 5-2-1】

眞的都不容易挑戰，甚至可以說是等待奇蹟，或是借助年輕捐贈者的卵子。

爲了幫助臨床醫生識別和分類接受輔助生殖技術（ART）的低預後患者，生殖醫學制定了 POSEIDON criteria（Patient-Oriented Strategies Encompassing IndividualizeD Oocyte Number），根據女性年齡、AMH、基礎濾泡數（AFC）分爲四個 POSEIDON 組。族群 1 是年齡小於三十五歲，AMH 大於等於 1.2 ng/ml，AFC 大於等於 5；族群 2 是年齡大於三十五歲，AMH 大於等於 1.2 ng/ml，AFC 大於等於 5；族群 3 是年齡小於三十五歲，AMH 小於 1.2 ng/ml，AFC 小於 5；族群 4 是年齡大於三十五歲，AMH 小於 1.2 ng/ml，AFC 小於 5。族群 1 是中藥治療後效果最佳的一群，如果願意配合基礎體溫量測，在基礎體溫像教科書版本一樣明顯出現雙相，而且先生沒有問題的狀況下，可以預期三個月內可以順利懷孕。族群 4 是最需要醫師耗費心神的，在強烈想當媽媽的動機驅使下，積極配合，往往可以得到想像不到的效果。至於族群 2、3，是中西醫聯手治療最容

【圖 5-2-2】

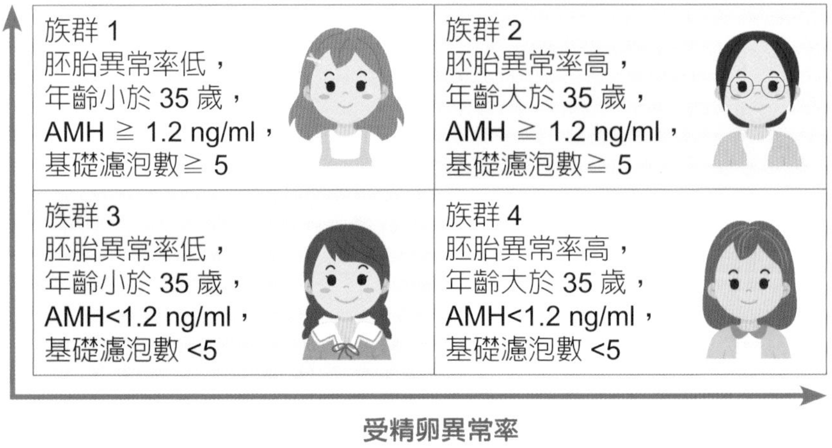

易看到效果的，西醫的實驗數據、影像、排卵針劑使用，加上中醫優化體內接受體的靈敏度，移除生產線上的障礙物，輸送的通道流暢就可以取到等級好的卵子、提高受精率跟胚胎良率。不過優質胚胎只是邁向當父母的第一步，子宮內膜容受性主導著植入成功、胚胎順利著床是第二步，接著產檢過程中子癇前症檢測，血壓、血糖、高層次超音波……可以說從備孕馬拉松賽開始，到植入成功後，準爸媽們便開始倒數計時，必須通過層層產檢障礙賽，才能順利把寶寶抱回家。這整個過程，從備孕、養胎、坐月子，乃至寶寶的成長、體質調理，中醫有一套完整的計畫，陪伴每對父母盡快上手！

中醫古書中沒有卵巢早衰的病名，更沒有AMH的量測，但是根據臨床表現，可以將卵巢早衰歸納在月經過少、月經後期、經水數月一行、閉經、血枯、血隔、年未老經水斷、不孕症、經斷前後諸症等範疇。面對越困難的問題，解決的方法越要簡單，中醫在治療上面著重「調經」，所謂「欲種子，必先調經」，古人把子宮比喻為豐厚的土壤，精子與卵子結合受精後比喻為種子，由輸卵管輸送到子宮著床、生長，跟大自然一切生命的開始相像。

要讓子宮這片土壤適合孕育生命，自然要製造適合生長的環境，風調雨順自然能豐收。「調經」的過程需要有協調的荷爾蒙作用，包括足夠的雌激素讓卵子長大、子宮內膜增長，還要有通暢的輸卵管輸送精蟲到壺腹部跟卵子相遇，黃體素提供溫暖的子宮環境（足夠豐厚的內膜及足夠的血流供應）。因為沒有精密的檢查設備，所以最直觀的方式就是觀察自己的月經週期、月經的質地、經量、月經顏色及味道，加上基礎體溫變化就可以掌握最佳生殖時機。這也是中醫最貼近一般民眾的地方，大家都可以從觀察自身的反應覺察自己身體的變化，了解身體的寒熱虛實哪裡失衡。

五臟跟月經的關係

經過前面的介紹，大家對陰、陽、氣、血、寒、熱、虛、實，及五臟跟月經的關係稍微有點認識。現在來統整一下五臟跟奇經八脈與月經的關係。

腎：為先天之本，遺傳自父母、與生俱來的，是月經的源泉，整個月經的生理以「腎」為主導。

肝：女子以肝為先天，肝藏血主疏泄，情緒壓力的疏導與肝相關。

脾：為後天之本，氣血生化之源。

心：心主血脈，心神暢達、心血下行，才會有月經。

肺：肺主一身之氣，氣為血之帥，氣行則血行。

衝脈：五臟六腑之海，血海，調節十二經的氣血。

任脈：與女性「妊」相關，主胞胎。

督脈：主導全身的陽氣，跟腎氣相通。

帶脈：身體所有經絡都是縱走的，只有帶脈是環繞身體一圈，聯絡各條經脈，與女性的帶下（有點類似現在的白帶、分泌物）有密切關係。

在中醫裡，我們認爲卵巢反應不良可以朝幾個方向思考，肝腎陰虛血瘀、脾腎陽虛血瘀、肝鬱腎虛血瘀、血枯血瘀，利用月經週期療法，在不同時期加入補先天腎精、健全後天脾胃、疏肝養血、活血化瘀的中藥治療，臨床上幫助不少婦女成功地生下寶寶（請見【表5-2-1】）！

可以發現有些症狀都很相似，比如脾腎陽虛血瘀型跟肝鬱腎虛血瘀型都很容易疲倦，也會腰痠；但肝鬱腎虛血瘀型的疲勞是不容易入睡的，睡眠很容易被中斷；而脾腎陽虛血瘀型的疲倦

【表5-2-1】 **卵巢不良的證型**

證型	症狀	月經特點	舌質、脈
肝腎陰虛血瘀型	潮熱盜汗、睡眠不好、形體偏瘦、性欲減退	月經週期紊亂，月經量少、月經顏色紅或偏暗紅、陰道乾澀	舌紅偏暗、舌苔較少，脈弦細數
脾腎陽虛血瘀型	怕冷、大便容易軟散、性欲淡漠、食欲減退、腰痠、容易疲倦、愛睡覺	月經量少、經色較淡、經血質稀	舌淡黯、苔白膩，脈沉弱
肝鬱腎虛血瘀型	易焦慮緊張、情緒起伏大、失眠多夢、頭暈、陰道乾澀、易腹脹、容易疲倦、腰痠	月經量少、月經暗紅、經前症候群	舌紅或暗紅、苔薄或少、舌緣有瘀點、舌下瘀斑、脈弦細數
血枯血瘀型	膚色黯沉、皮膚皸裂、毛髮枯燥、指甲易斷裂、記性變差	反覆流產或大失血後無月經	舌淡、苔白、脈沉澀

是很想睡覺，只是睡醒了還像睡不飽的感覺。所以中醫師必須透過詳細的問診，釐清到底屬於什麼問題，才能對症下藥。

再來看看月經的週期、質地、經量、顏色代表身體的什麼反應，另外月經的味道是代表子宮環境很重要的指標，氣味臭穢代表血熱，氣味腥是屬寒，如果惡臭難聞代表毒素累積過多，通常是骨盆腔裡有發炎甚至病變引起的。

但不是每個人都能覺察自己身體的狀況，所以常常在問診時她們都會覺得很奇怪，醫生怎麼會這樣問問題，也會很新鮮，因為跟看西醫的經驗完全不一樣。所以中醫強調望、聞、問、切四診都要一起對照，望就是看這個人

【表 5-2-2】 各種體質的月經週期、經量、質地和顏色

	月經週期	月經量	月經質地	月經顏色
血熱	週期提前、天數多	量多	稠	色鮮紅或深紅
血寒	週期延後	量少	稠	色黯
血虛	週期可能延後、天數少	量少	稀	色淡
血瘀	月經出血天數增加，經痛	可能多、可能少	血塊多	色黯紅
氣虛	週期提前、天數多	淋瀝量少、或崩漏	稀	色淡紅
虛寒	月經出血天數縮短、週期先後不一定	量少	稀	色淡偏暗
腎虛	週期先後不一定	量少	稀	淡
肝鬱	週期先後不一定	量少	正常	紅

的表情、氣色、唇舌及五官的樣貌，還有走進診間的儀態、應對時的狀態；聞包括氣味跟聲音；問清楚病情跟過去病史；最後用把脈、扣診等手部觸摸的狀態來確認診斷是否正確。每個步驟都很重要，大部分在問診做得很完整後，醫者心中就有大致的診療方向，所以有些醫師不把脈、視訊診療也會有一定的療效。但是希望診察還是當面，主要是醫病之間的互動，有一些「溫度」是很難言喻的，而且有時候連個案本身都不清楚自己身體發生什麼事時，她（他）描述的準確性就需要打折扣。往往在診察過程中，我會發現有些個案「脈症不合」，有可能是醫者自己方向設定錯誤，也有可能是個案的描述誤導醫者的判斷，要準確擬定有效的治療，在第一次進診間時是需要花很多的時間跟精力，也需要個案坦承，醫者才能使上力。

所以治療卵巢早衰，首先要調理氣血，利用補腎、健脾、疏肝、調固衝任，讓整個生殖的心—腎—子宮軸正常，月經能順利來潮，卵子得到足夠的滋養，自然能懷孕。對卵巢早衰的患者，我非常強調「睡眠」的重要性，卵子中的營養物質在中醫屬於「陰」「精微物質」，而且卵子的數目在出生之後只有遞減，無法再增加了，所以充足而優質的睡眠是減少卵子耗竭的第一步。

我常用花草茶（薰衣草、玫瑰）或中藥的甘麥大棗湯、百合、柏子仁、酸棗仁等寧心安神。接下來便是減少氧化壓力對卵子的傷害，綠色（十字花科植物）、黑色（亞麻子、芝麻）、含類胡蘿蔔素的植物富含抗氧化成分；黃豆、山藥等富含異黃酮；種籽、果實（堅果）是植物發育的起源，這些都是很好的養卵食品。很多備孕媽媽會補充Q10、D3、DHEA……跟中藥也是不衝突的。

卵巢早衰案例

在我的臉書「好孕大長今」裡，只要打「AMH」便會出現很多篇卵巢早衰的故事，從驗不到AMH的、AMH 0.1到0.8的自然或試管成功受孕的故事，這裡要分享一個從流產來調理、繼而懷孕，陪伴我度過女兒襁褓需要幫手黑暗期，變成好朋友的故事。

小怡三十八歲時曾經自然受孕，但是後來流產了，來中醫做小產後調理，因爲年紀不小又有巧克力囊腫、AMH 0.36，讓她很擔心無法如願當媽媽。治療過程中，她也很配合針灸、薰臍、基礎體溫量測，第三個月她回生殖中心發現巧克力囊腫消失了，對中醫產生信心。

繼續治療三個月後，肚皮仍沒有消息，她到生殖中心進行一次試管療程，雖然該次療程失敗，她仍持續中醫調理，量測基礎體溫，在下次

月經週期排卵期自然受孕成功了！大家覺得要懷孕很難，我覺得養育小孩更是艱困，尤其是得來不易的兒子，稍有不適，她也跟著孩子落淚。當時我的女兒也才二、三歲，我們常聊育兒的心情、互相吐苦水、彼此支援，相約去遛小孩，偶爾抱怨一下神隊友。轉眼間，豆豆已經是國小中年級生了，我們相約這段情誼會持續下去，陪伴彼此當婆婆、當老來伴！

5-3 數大不是美的多囊性卵巢症候群

不孕求診的案例中，多囊性卵巢症候群十分常見，尤其是多囊性卵巢症候群中月經異常的症狀，對於剛開始想要嘗試自然受孕，需要透過量測基礎體溫與排卵試紙安排同房的人來說，非常不便。因爲不易排卵，所以很難抓準行房的時機，但這類型也因爲月經週期不正常，容易在初期察覺到徵兆，透過檢查發現。

案例

A小姐在結婚後雖然沒有避孕，卻也遲遲未能受孕，由於她的月經向來不正常，身體質量指數（BMI）大於30（屬於中度肥胖範圍），三十八歲時安排至婦產科檢查後發現是多囊性卵巢症候群。當時的婦產科檢查也發現合併有輸卵管一側不通暢的情形。檢查結果加上年齡與輸卵管的生理條件，對於A小姐來說可以想像她壓力十分大。

A小姐初診來到我的診間時，其實是第一次嘗試透過中醫的方式調整助孕，當時一側不通暢，經前症候群明顯，包含情緒起伏大、下腹脹痛超過一週、胸脹，有時甚至經前症候群出現超過兩週也沒有來月經。

初診除了透過觀察與把脈獲得相關的資訊以外，非常重要的是要先溝通現狀及目的。於是我們初診時先討論好，用三個月找月經的規則，所謂「欲種子，必先調經」，月經有規則排卵現象，才有機會懷孕。

沒有使用中藥經驗的她，非常配合療程中的用藥安排，也自己固定量測基礎體溫，吃中藥後月經下個月開始準時報到，但還看不到基礎體溫雙相。第二個月排卵後的高溫期時間偏短，第三個月開始出現基礎體溫雙相變化，就在第四個月月經沒來、高溫期超過十八天以後驗孕成功，孕期雖然有些孕吐不適回診，最後順利生下一個可愛的寶貝女兒。

雖然僅僅是一小段文字描述這個過程，但從調養身體到順利懷孕，不只是身體的狀態與生理條件很重要，不孕症個案需要面臨的壓力來源很多，包含病症帶來的身體不適、時間的壓力與他人的期待等，也都是治療過程需要協助與適時提供支持的，同時也需要個案信賴醫師的診斷，配合療程安排，才能一同面對備孕這條路所遭遇的難題。

另外有一點也想跟大家分享，一般在備孕時，女性都會先安排檢查AMH（抗穆勒氏管荷爾蒙），來確認卵巢的庫存量，AMH正常數值會落在2～5，A小姐量測數值高達4.16，其實看來是不錯的數值。但多囊性卵巢症候群的症狀中常會有排卵異常與卵子品質不佳的情形，也是導致不孕的因素，不是單純數值高就好，都要進一步觀察與調整。也有遇過三十四歲AMH大於8的未來媽媽，因爲排卵困難，所以月經一年來不到四次，經過半年中藥調整後進入取卵療程，取出六十多顆卵泡，並且最後培養成四十七顆等級A、B以上的囊胚，我跟她打趣說，認眞生、可以生一個球隊了！

接下來跟大家進一步介紹多囊性卵巢症候群（polycystic ovarian syndrome, PCOS）。

多囊性卵巢症候群是育齡女性十分常見的內分泌疾病，育齡女性發病率估計5～7%。這種內分泌失調症候群呈現症狀包含無月經、多毛症、肥胖、雄性荷爾蒙過高以及合併卵巢呈現多發性的囊狀腫大等（請見【圖5-3-1】）。

【圖 5-3-1】

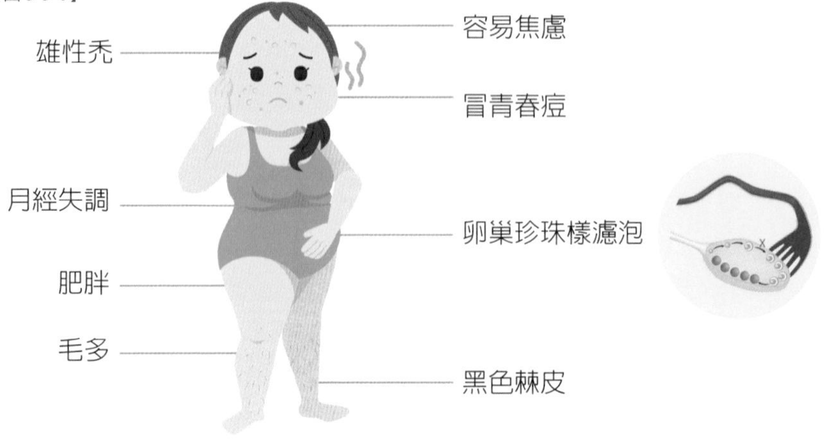

多囊性卵巢症候群的診斷

荷蘭鹿特丹二〇〇三年時舉行的PCOS研討會上，診斷標準共識只要三項中有二項就符合診斷（請見【表5-3-1】）：

1. 排卵功能異常：包含經期不規則、無月經、無排卵或慢性無排卵等。
2. 雄性激素高：包含臨床表現（多毛、嗓音低沉、皮膚油膩）與生化檢驗。
3. 多囊性卵巢：透過陰道超音波觀察卵巢，如果直徑達2至9mm的小濾泡有12顆以上就符合。

但在判斷上，還是需要排除可能是其他疾病導致的因素，例如先天性腎上腺增生、庫欣氏症候群，分泌雄性激素腫瘤等。

【表5-3-1】

多囊性卵巢症候群診斷		
診斷標準（三項中有二項就符合）	觀察重點	症狀
排卵功能異常	月經	無月經、月經少或不規則
雄性激素過多	外觀	多毛症、雄性禿、痤瘡（痘痘）等
	檢驗	抽血檢驗
多囊性卵巢	卵巢濾泡	單邊卵巢有直徑達2至9mm的小濾泡有12顆以上
	卵巢體積	大於$10cm^3$

多囊性卵巢症候群的女性朋友，在中醫通常認定爲「腎虛」體質，因爲先天稟賦不足，才會月經週期紊亂、月經量或多或少，所以月經來潮後以滋腎陰、補經血爲主，很常用的是種子類的藥材。中醫取類比象，種子類的物質是所有生命發生的起源，所以五子衍宗丸顧名思義就是有五種「子」類（菟絲子、枸杞子、覆盆子、車前子、五味子）幫助

【表 5-3-2】

多囊性卵巢在中醫可分為腎虛型、肝經鬱熱型、痰濕阻滯型、氣滯血瘀型

證型	症狀	月經特點	舌質、脈	建議飲食
腎虛型	臉色白，腰部與膝部無力、怕冷	月經初經開始就經期紊亂，之後月經量稀少或次數少甚至閉經（沒有來月經）。	舌淡苔薄，脈沉細	溫熱食物羊肉爐龜鹿二仙膠
肝經鬱熱型	容易生氣、皮膚粗糙、多毛、臉長青春痘、口中容易覺得乾燥，偏愛冷飲	月經週期紊亂、功能性子宮出血、經前乳房脹痛或經痛。	苔薄白或薄黃，脈弦	白菜、番茄、豆腐、柑橘
痰濕阻滯型	多毛、肥胖、頭暈、胸悶、胃酸、噁心、喉嚨常覺得有痰、四肢倦怠	月經量可能量大或量少、經前身體腫脹感明顯	舌質淡胖、苔膩、脈沉細	四神湯、四君子湯
氣滯血瘀型	乳房脹、腹部脹、頭暈胸悶、面色黯沉、便祕	月經有時中間會停一天後再出血、有時月經量少有時量多、有時月經不來、月經來前就開始腹痛	舌紫紅、舌邊有瘀點、脈細澀	黑木耳、生薑、陳皮、玫瑰花

人類強精健卵，利於受孕。

因爲補氣、活血化瘀的藥物有利成熟的卵子順利排出，所以會在排卵期使用，這是多囊性卵巢症候群婦女最困難的一個步驟，她們的卵巢裡有太多無法排出的卵子，在卵巢裡排列成珍珠項鍊般的一串卵子鏈。排卵後使用溫補腎陽的藥物，讓子宮內膜厚度穩定、基礎體溫維持高溫。

臨床上多囊性卵巢症候群的女性年紀偏輕，排卵時間不容易預測，而且基礎體溫偏低，所以基礎體溫量測很重要，也可以讓女性朋友提升對自己身體的覺知能力，一般在規律排卵的基礎體溫出現後大概三個月內就可以自然受孕了。

婦產科一般開排卵藥、照卵泡，讓她們自然同房，然而多囊性卵巢症候群的朋友雖然卵泡很多，但是可能品質不佳，往往排卵藥還是要試幾個週期才能成功，或是吃了排卵藥導致同時排了幾顆卵，不小心就雙胞胎了！我有個學姊就是吃排卵藥生了異卵雙胞胎！

臨床上比較常見的是「類多囊」卵巢症候群體質，月經好像也規則的來，超音波檢查卵巢裡也沒有珍珠項鍊般排列的卵子，但排卵功能有障礙，有的胰島素阻抗偏高，卵子在排出時阻力相對大，在初診時跟她們解釋，她們不太能接受，但是請她們量了基礎體溫後，才發現基礎體溫並沒有明顯雙相，原本以爲跟自己很熟悉的「好朋友」，似乎跟自己並不是那麼親密！

多囊性卵巢症候群的患者平時保養

多囊性卵巢症候群腎虛的患者，可以使用溫熱性的食材，例如當歸羊肉爐、龜鹿二仙膠之類的補品。如果是痰濕體質，多會用山藥、茯苓、芡實、蓮子等四神湯或黨參、茯苓、白朮、甘草、生薑、紅棗四君子湯的加減。台灣的氣候跟生活習性比較容易出現肝經鬱熱的狀況，白菜、番茄、豆腐、柑橘類水果就適合服用。至於氣滯血瘀的體質，黑木耳活血、生薑通絡、陳皮玫瑰花理氣，建議這類體質的女性朋友常吃。

加味四君子湯組成：黨參、茯苓、白朮、甘草、生薑、紅棗

5-4 內分泌失調引起無法正常排卵

案例

B小姐二十四歲後就沒來過月經，沒有月經反而輕鬆，也就不以為意。當時除了工作壓力大，三十歲結婚後又因為有生育壓力的情形下安排做了檢查，發現腦下垂體有水泡，泌乳素過高等情形，但是服用荷爾蒙並沒有讓月經乖乖來報到，於是在長輩介紹下來到診間。

無論透過什麼方式，經過仔細的討論與確認都是必要的，療程須仰賴醫病相互信賴，才能透過醫者整體調養與個案認眞配合治療，一起達成一開始的目標。當時B小姐十分配合療程，經過針灸、薰臍、水藥、心理建設多管齊下，終於在調整的一個半月後，基礎體溫出現排卵時的高溫，在下個週期也順利懷孕了！產子後在隔年自然受孕，現在已經是二寶媽了。充滿好奇心探究根本的我，特地問她在生完老大後有沒有來月經？她的回答很有趣，她說哺乳近七個月，斷奶後都沒有來月經，老大週歲時發現懷孕了！所以非常驚喜地聯絡我，跟我說這個好消息。

針灸與水藥等治療項目在中醫都很常見，但心理建設在不孕症治療中，是很重要的環節，所以很多不孕症的個案都會尋求宗教的慰藉，或是徬徨無助地到處求神問卜。內分泌失調的病因其中一項就是壓力，心理壓力在備孕中也是不可忽視的不孕重要因素之一，很多女性朋友都有過因爲壓力太大而月經失調的經驗，但在生育的前提下其他生理病徵往往被忽略，汲汲於求子，反而因爲給自己的壓力太大，反而背道而馳，離目標越來越遠。

腦下垂體腫瘤或多囊性卵巢症候群的族群裡，有一部分也會伴隨高泌乳血症。這也是我轉研究中醫的原因，在我二十歲那年被診斷出高泌乳血症，幸運的是電腦斷層影像下並沒有發現腦下垂體腫瘤，到了我讀中醫在醫院實習時，泌乳激素仍大於200 ng/ml，同時雌二醇小於0.001，亦即無法測得，被當時醫院的婦產科醫師笑說「這不是正常女人該有的荷爾蒙」。泌乳素過高的症狀，月經量少或不規則，經前乳房脹痛、有些會在非懷孕亦非產後有乳汁分泌。因爲高泌乳激素抑制性腺激素的作用，在女性造成月經不規則和排卵異常。

另外泌乳素異常不是女性特有的問題，男性朋友也會引起男性荷爾蒙下降、影響睪丸造精功能，造成性功能障礙、無精症或精子稀少症。在我的前一份工作，有位從事公職的丈夫，因爲房事的困擾來求診，利用疏肝解鬱的中藥，兩度讓他們夫妻順利自然受孕，圓滿一個四口之家！

起因

引起高泌乳血症（Hyperprolactinemia）的原因，第一個會想到的是腦下垂體腫瘤，再來使用一些精神科常見的用藥，例如鎮定劑、抗憂鬱劑，以及某些麻醉劑、止痛劑、降血壓藥、抗組織胺，也會使泌乳激素升高。還有就是身體一些病理性反應引起，例如甲狀腺機能低下症、慢性肝腎疾病、創傷或接受手術時，泌乳激素會升高。因此我把泌乳激素當作「壓力」荷爾蒙，泌乳激素高的朋友通常容易緊張，有的長期處在高壓環境下而不自知，所以這種朋友的基礎體溫呈現鋸齒狀，高低起伏很大卻找不到規則性。

在生殖門診中，會透過使用降泌乳素藥物降低數值，但也需要整體的評估與判斷，畢竟治療不只是爲了表面上抽血數字變漂亮，我們身體荷爾蒙要恢復平衡，並不是一兩顆過乳降錠就可以解決，還需要時間讓其他荷爾蒙也恢復恆定狀態。

我們通常將高泌乳激素血症分爲四種類型：肝氣鬱滯、肝鬱化火、肝木剋脾土、肝腎陰虛（請見【表 5-4-1】）。

高泌乳激素血症的女性，通常性子比較急躁、自我要求高、追求完美，是老闆喜歡的好員工，但是自己卻因此飽受腸胃脹氣、睡眠失調及經前症候群情緒起伏的不適，平日搭配柑橘類精油、花果茶、蓮子、杏仁果、腰果等可幫助安神；麥芽、山楂、陳皮可幫助腸胃蠕動；有時經前火氣大、嘴破、長青春痘，可以使用薄荷、菊花、桑葉等解上焦火氣。此外桑葚也是個很好用的保養食材，富含花青素、維生素及鐵質等多種營養素，但因爲保存不易，所以市面上多用果醬、果汁、醋等方式販售，可以每天攝取保健。

【表 5-4-1】

高泌乳激素血症的四種類型

證型	症狀	月經特點	舌質、脈	舌象
肝氣鬱滯型	情緒急躁、形體瘦、易脹氣、睡眠品質差	月經週期紊亂，月經量或大或少、經前胸脹	舌紅苔薄白，脈弦數	舌色偏暗，色澤不均，舌苔不多
肝鬱化火型	煩躁易怒、口乾苦、頭暈耳鳴、小便短赤、顏面痤瘡、喜冷飲	月經週期短、經痛、經前乳房脹痛	舌紅苔黃，脈弦滑數	舌色偏紅，有薄黃苔
肝木剋脾土型	頭暈、氣短、易疲倦、胃納少、易腹瀉	月經量少、月經週期往後延、經前乳房柔軟但脹感明顯	舌質淡胖、苔白、脈細	舌色較淡、有水濕感、苔滑
肝腎陰虛型	頭暈目眩、耳鳴、咽乾、腰膝痠軟、五心煩熱	月經量少、有時滴滴答答很久不乾淨、乳房脹痛	舌紅、苔少、脈弦細數	舌體較薄、舌紅、少苔

5-5 卵巢功能的隱形殺手——慢性反覆陰道發炎

案例

C小姐非常年輕，因此不太注意平時身體保健，熬夜、吃辣、憋尿是她的日常。幾次憋尿後泌尿道反覆感染，因爲女性的生理構造，陰道口與尿道口接近，影響到陰道也常有感染問題。當時她來門診時臉上紅疹影響到顏面的自信、經前症候群嚴重，但後續經過三次月經週期清理骨盆腔環境，就自然懷孕了！

二十八歲的D小姐則是結婚後反覆陰道發炎，但她也不以爲意，直到結婚四年都沒辦法懷孕，後續至生殖中心檢查才發現輸卵管一側阻塞、另一側沾黏，經過中醫治療，免疫力提升後感染改善，再量基礎體溫，找到適合行房的時機，兩個半月後順利自然受孕、產下一個兒子！臨床上遇過攝影檢查時輸卵管不通暢，但是在針灸、中藥使用後自然懷孕的情形，推測是因爲發炎導致當時輸卵管黏液材質改變，顯影劑通過困難，在經過輸卵管攝影、中藥清熱解毒或益氣活血利濕的治療後，輸卵管的功能恢復正常，可以運輸卵子及提供精卵受精結合了。不過並不是所有輸卵管阻塞都可以自然受孕，如子宮外孕切除輸卵管的情況，是肯定無法自然受孕了。

症狀及中醫治療

雖然女性陰道發炎十分常見，但反覆感染，一路感染到子宮、輸卵管時，除了輸卵管阻塞造成不孕，子宮的慢性發炎也容易造成胚胎著床環境不佳、著床失敗或反覆性流產。很多人都經歷過陰道發炎反覆發生的長期抗戰，尤其容易出現在疲勞與壓力大時，相當折騰，所以除了發炎的治療外，也要配合日常保養與作息調整，找到自己身體與生活的平衡。

中醫稱爲「帶下」，可以統括正常生理性白帶及所有女性生殖泌尿道感染性疾病。現代醫學發現發炎反應會影響卵巢的表現功能、子宮的環境，是女性流產跟不孕的隱形殺手。古代衛生環境較差，帶下的情形相當普遍，所謂「十女九帶」，司馬遷在《史記‧扁鵲倉公列傳》介紹扁鵲時說：「扁鵲名聞天下。過邯鄲，聞貴婦人，即爲帶下醫；過洛陽，聞周人愛老人，即爲耳目痹醫；來人咸陽，聞秦人愛小兒，即爲小兒醫；隨俗爲變。」此處的「帶下醫」第一次作爲「婦科醫生」的代名詞出現，可見自古至今，感染的問題都是令婦女朋友難以啓齒的痛。

生理性白帶是由陰道黏膜的自然分泌物，加上一部分子宮頸腺體及子宮內膜的分泌混合而成。正常婦女陰道有少量無臭、無色透明而帶有黏性、呈蛋白狀的分泌物，稱爲白帶。如月經來潮前，兩次月經中間及妊娠期稍有白帶，白帶有時微黃色，都屬生理現象。

病理性白帶，白帶明顯增多，顏色、質地、味道發生異常變化，有的呈現豆腐渣樣，有的呈黃色泡沫狀，有的是膿性分泌物，有的夾有血絲，或白帶質地黏稠有臭味，有的清稀如水。病理性的白帶多伴有外陰搔癢，或下腹及腰骶疼痛不適。感染源有黴菌（念珠菌）、細菌（淋球菌、披衣菌）跟寄生蟲（滴蟲）三種，會造成子宮頸炎或子宮頸糜爛、骨盆腔炎、子宮內膜炎、披衣菌還會破壞輸卵管纖毛，導致子宮外孕及不孕症。大多數的感染性白帶是經由性行爲感染，少數是公共浴盆或手術感染（請見【表 5-5-1】）。

中醫認爲是脾腎虛損、濕熱下注引起任、帶二脈運作失常，正常的白帶也可能因爲身體狀態不好而增加，常在脾腎虛損、痰濕蓄積的多囊性卵巢症候群個案看到，她們平常分泌物水滑，沒有異味，但是需要使用護墊才能保持褲子乾爽。

白帶在中醫可以分爲以下的證型：其中脾虛濕滯型跟腎陽虛型比較像生理性白帶；腎陰虛型白帶類似更年期或雌激素不足時萎縮性陰道炎；濕熱下注型白帶則是有感染發炎的情形（請見【表 5-5-2】）。

急性的感染通常使用塞劑、口服抗生素等讓症狀緩解，然而有時因爲症狀輕微，女性朋友不以爲意，導致反覆性慢性感染，往往在壓力、熬夜、免疫力低下或性行爲後又出現症狀，成爲惱人又難以啓齒的困擾。臨床上常看到女性朋友膚色黯沉、皮膚乾燥、月經前有膿皰樣痤瘡在下

【表 5-5-1】

感染性白帶的三種感染源

病名		帶下特點	伴隨症狀	常見於
感染性陰道炎	黴菌（念珠菌）	乳白色，豆腐渣樣或乳酪狀	1. 偶有外陰及陰道強烈的搔癢 2. 有時也會伴隨著解尿疼痛感	1. 孕婦 2. 糖尿病 3. 使用口服避孕藥 4. 長期服用抗生素或免疫抑制劑
	細菌（淋球菌、披衣體）	急性：膿性陰道分泌物、黃色泡沫狀、帶腥味的分泌物	1. 尿頻、尿急、尿痛 2. 陰部搔癢、紅腫、壓痛、燒灼感	1. 性接觸傳染 2. 不當的灌洗陰部 3. 陰道缺乏乳酸桿菌 4. 裝置子宮內避孕器 5. 個人衛生習慣不良
		慢性：白帶量多或色黃	1. 可能夾雜其他病菌感染 2. 可引起內外生殖器官炎症	
	陰道滴蟲	灰黃色泡沫狀白帶，質稀薄而有臭味	1. 陰部厲害的搔癢、壓痛，且有酸臭味 2. 排尿疼痛	1. 多半經由性行為傳染 2. 也可經由使用公用的浴巾、浴盆感染，不經性行為傳染 3. 裝置子宮內避孕器 4. 吸菸

【表 5-5-2】

白帶的四種證型

證型	症狀	白帶特點	舌質、脈
脾虛濕滯型	食欲不振、精神疲倦、手腳冷、大便稀、下肢水腫、臉色蒼白	白帶色白或淡黃，質黏稠、無臭味，月經經血質地偏稀	舌淡紅、舌苔白偏膩，脈弱
腎陽虛型	怕冷、大便容易軟散、腰膝痠軟、小腹冷、夜間小便次數多而且尿量也多	白帶量多清稀如水不絕、月經量少、經色較淡、經血質稀	舌淡、苔薄白，脈沉
腎陰虛型	易焦慮緊張、情緒起伏大、失眠多夢、頭暈、陰道乾澀、大便偏乾硬、小便黃	白帶量少偏黃，質較黏稠、月經量少色暗紅	舌紅、苔少、唇赤、脈細數
濕熱下注型	煩躁易怒、口乾舌燥、下腹悶痛下墜感、小便黃、大便乾	陰部搔癢難耐、白帶量多，白帶色黃或綠，質黏稠如豆腐渣或乳酪狀、白帶及經血味臭難聞	舌紅、苔黃、脈滑數

巴或嘴唇周圍，容易有腰痠、頻尿、肚子下墜感、經痛、經血的味道比較重等症狀，就會合理推斷她有慢性發炎的問題。由於中藥有抗發炎、調整免疫、改善體質的功能，對於慢性、反覆性的發炎，雖然看似沒有像抗生素、塞劑的速效，長期卻有整體改善、不再復發的優點。

臨床上常會遇到因爲骨盆腔感染問題而經痛、子宮外孕、甚至卵巢儲備功能AMH下降的，在感染的狀況改善後，AMH值有的還會回升一些！有些流產的問題跟感染也是分不清楚因果關聯，一些侵入性的治療如果沒有留意骨盆腔原本的發炎狀態，也有可能造成術後感染，即便使用抗生素，仍然可能在日後反覆發炎。而且凡走過必留痕跡，感染過後我們的免疫細胞會留下這次感染的模糊記憶，甚至在子宮腔裡留下殺戮後戰場遺跡——沾黏，子宮腔是孕育胚胎的地方，但在慢性發炎或有免疫缺陷問題下，免疫系統有可能會混淆，分不清楚敵我，便會攻擊自己的胚胎，自體免疫疾病跟反覆流產、癌症等就是這樣的狀況。

女性朋友千萬不要疏忽感染的問題，覺得就醫麻煩，又難以啓齒，只要不頻尿、不癢了，就不理會了，尤其是常常腰痠又有膚色黯沉的狀況，就有可能感染沒有全部清除，中醫說「餘毒未清」，需要注意保健或請中醫師開立清熱利濕、活血通絡的中藥，避免慢性發炎導致輸卵管沾黏或子宮內膜反覆發炎。中藥受限於劑型，沒有像西藥的塞劑那麼方便，但是臨床上針對感染問題，一些藥物的外洗方坐浴，效果很好，所以在門診中有感染問題的，也會請個案利用坐浴方式改善。另外，除了上述感染型陰道炎外，寒濕體質也常好發陰道炎，建議少吃生冷食物，例如：沙拉、冰品、手搖涼飲等，也可搭配馬鞭草茶或養生茶（人參2錢、白朮1錢、土茯苓3錢、薏仁3錢、黃耆3錢、車錢子2錢）。而平常容易感染的濕熱體質女性，可以多吃蔓越莓、蓮子、蓮藕、薏苡仁、紅豆、馬齒莧、荷葉、昆布、黃瓜、冬瓜等幫助利尿排濕，不管哪種體質的女性朋友，最重要的還是平常多喝水，不要憋尿。另外，感染會藉由性行爲傳染給另一半，男性因爲陰莖較長，即使感染症狀也不明顯，所以常輕忽。如果女性伴侶有反覆感染的問題，建議男生也要一起治療，杜絕乒乓球效應喔！

Chapter 6

調理子宮內膜

6-1 中醫如何養出好內膜？

案例

二〇一九年的愚人節，仇女士來到門診，焦慮的她急切地交代她的治療過程，因爲先生患有寡精症，八年前他們利用睪丸取精做了胚胎，第一次植入相當成功，沒想到十四週左右流產後，就因爲子宮內膜太薄無法植入，生殖中心所有的方法都用上了，內膜都不到 6mm。

她也說一開始吃中藥時內膜曾經到 8mm，但那週期沒有植入，之後這兩年持續吃中藥，內膜還是 4-5mm。當我聽到她會在一個醫師那吃中藥三年，就知道她有堅毅不拔的個性，而且一旦信任一位醫師就會全力配合。然而八年來內膜怎麼治療都不動如山，到底發生什麼問題呢？把她先前吃的中藥拿來研究，也都照書上說的養內膜用大量的補腎陽藥，但是爲什麼沒有效呢？

我在大學主修生命科學，用最基礎的國中生物課本來解釋，人體具有「恆定性」，我們的內分泌系統也會維持恆定，當荷爾蒙不平衡時，會設法讓它平衡回來，產生正回饋或負回饋反

應（請見【圖6-1-1】），這跟中醫的理論思想不謀而合，所謂「寒極生熱、熱極生寒」、物極必反、陰陽可以轉換。因此跟她溝通荷爾蒙平衡需要三個月的時間，以及之後的治療方向。

有了前面八年累積的試誤經驗，減少補腎陽藥物、加入滋養腎陰及梳理肝氣的藥物。這次在第三個月就開始有子宮內膜三條線的良好型態，但內膜還是5-6mm，之後每個月經週期內膜成長1-2mm，終於在第六個月經週期後，子宮內膜型態跟厚度達標了。擬定植入計畫時，又遇到一個難題。僅存的兩個冷凍胚胎其實已經將近十歲的年紀了，當時培養的技術只能第三天冷凍，胚胎的分級、解凍後的狀況都沒有人能保證，但是一次植入兩顆，如果有閃失，夫妻的狀態也多了十歲，還經得住打針、取卵、取精的過程嗎？現在想想，當初真的需要很大的勇氣才能下決定解凍兩顆胚胎同時植入。在夫妻和團隊的合作下，這兩個胚胎現在已經是兩歲半、活蹦亂跳的一對姊弟了！

【圖6-1-1】

女性下視丘－腦下垂體－卵巢軸（HPOA）

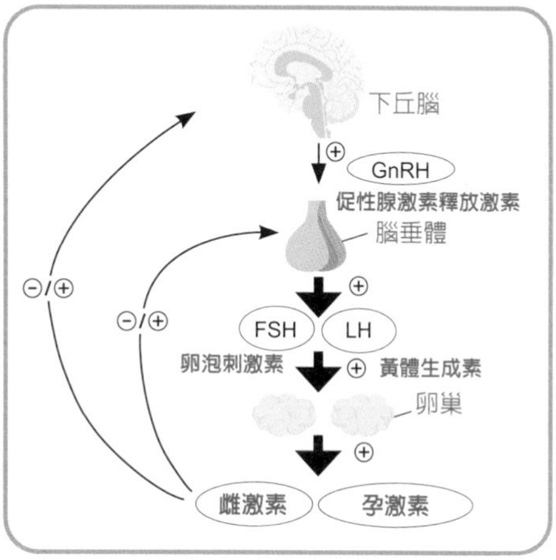

中醫觀點

子宮內膜對於胚胎就像是孕育植物的土壤，豐厚而水分充足（不是淹大水似的）的土壤當然可以預期比較容易有好的收成，亦即胎兒可以順利在母體生長成健康的個體。現代醫學對子宮內膜的研究越來越進步，除了內膜厚度會影響著床及胚胎發育外，子宮內膜型態以及子宮血流狀態也是必須考量的。現代醫學已經可以從分子生物學的基因檢測判斷著床窗口（Endometrial Receptivity Analysis, ERA），另外可以檢測子宮內膜的微生物叢（Endometrial Microbiome Metagenomic Analysis, EMMA），感染性慢性子宮內膜炎檢測（Analysis of Infectious Chronic Endometritis, ALICE），確定子宮環境是否利於胚胎生長。然而即使做了這麼多檢測，胚胎也做了著床前染色體篩檢（PGT-A），還是沒有辦法保證胚胎植入百分百成功。

適合胚胎生長的子宮，我們稱之容受性佳，條件包括足夠的子宮內膜厚度、子宮內膜黃金三條線的型態、子宮動脈血流阻力正常。子宮內膜容受性仍是個待開發的領域，現在生殖醫學研究發現即使有優質的胚胎，植入後仍有二分之一到三分之一的機率著床失敗或流產、早產。在胚胎到達子宮準備著床時，身體一方面讓胚胎外層細胞埋入子宮肌肉層，形成胎盤；一方面身體的防禦系統必須能夠辨識胚胎，不產生排斥反應，讓胚胎順利在子宮內待下來。

生殖醫學透過補充雌激素或擦昂斯妥凝膠，打生長激素、高濃度血小板血漿（platelet-rich plasma, PRP），口服阿斯匹靈、威而鋼，薄力士經陰道給藥等方式幫助子宮內膜增厚，大部分效果都不錯，但是也有像仇女士這樣踢到鐵板的。

中醫最強調的就是子宮內膜的復舊更新，不但生產後惡露要排淨，更強調每次月經週期過後子宮內膜應該要恢復平整，再開始下一個週期的增生、分泌，如果沒有胚胎著床的訊號，就會再次剝落導致月經來潮。所以當一個女性朋友月經來得不是很順暢時，常會伴隨面色晦暗、毛髮枯燥、胸悶、情緒低落等所謂的「氣滯血瘀」症，往往月經會經量減少、經色暗質地稠或滴滴答答比較多天才乾淨，經血會夾血塊，或伴隨經痛的症狀。

做過人工生殖療程的朋友都經歷過月經第二到三天抽血看荷爾蒙指數，照超音波看基礎濾泡。通常要備孕的未來媽媽，我也會請她們月經第三到五天回診，最主要是要確定月經是否有排乾淨，「子宮」是不是有準確通知大腦下視丘說月經已經來了，要分泌荷爾蒙刺激卵巢讓新的濾泡長大、子宮內膜重新增生。我會把子宮比喻爲一個鍋子，當煮完一道菜要換下一道菜時，應該要把鍋子洗乾淨，味道才不會參雜在一起，也才不會沾鍋產生鍋巴，縮短鍋子的使用壽命，子宮內膜就是鍋子接觸食物的鍋面，月經來潮後就應該維持鍋面潔淨，下一次的內膜增生才不會產生容受性不好的問題。

手術刮搔、子宮發炎或其他子宮肌瘤手術、放射線療法等會造成子宮內膜的狀態不好，或者內膜無法生長；灌溉內膜生長的荷爾蒙如果不足，就像沒有營養的土地，無法長出很好的內膜來供養胚胎生長。在中醫來說肝氣鬱結，就會導致經血來得不順暢；氣血瘀滯就會讓月經排得不乾淨；腎虛會導致荷爾蒙的產生不足，以至於內膜生長狀態不佳；陰虛很容易血供不足，內膜無法增厚；陽虛比較像俗話常說的「子宮寒」，子宮的循環差就沒有足夠的營養，供給胚胎成長。

由這些因素排列組合，我們就有很多治療子宮內膜無法增厚的方法，如果子宮內膜這片土地像水泥地一樣硬，要讓水泥地可以種植植物、讓植物生長，一定要從填土、鬆土、再灌溉、施肥。所以養內膜不是一蹴可幾的，有時候需要兩到三個月經週期汰舊換新，讓整個子宮跟骨盆腔的環境改善，與腦下垂體－卵巢荷爾蒙的變化同步，這樣不管自然受孕或進行人工植入才會讓胚胎成功著床，在子宮裡長大。另外跟大家分享，全世界都風靡針灸，也有不少的研究證實針灸能改善子宮內膜的容受性，針灸透過改善子宮內膜型態，增加子宮內膜厚度，進而增加胚胎植入的機會，所以也比對照組的懷孕率高。

中醫古籍中沒有子宮內膜太薄的敘述，只能從學理上去推測它的部位在子宮，屬於奇恒之腑，主要的功能就是讓月經正常來潮以及孕育新胎兒，最後分娩過程也是發生在這裡。至於該是月經來潮或是進入懷孕狀態，取決於胚胎受精後給子宮內膜的訊號，以及排卵後卵泡變成黃體產生的黃體素，使得內膜持續維持豐厚的狀態協助胎盤生長，最後胎兒成熟、瓜熟蒂落時，再釋放出荷爾蒙訊號，通知子宮收縮，將胎兒娩出。在上一篇章〈如何養出好卵子？〉中有介紹中醫的心－腎－子宮軸，子宮的功能出問題，可歸因於腎氣虛、心腎不交、肝鬱脾虛、衝任虛損或外來因素造成胞脈受損、瘀血阻滯。因此養內膜與養卵子一樣，是建構在月經週期的荷爾蒙調理上，改善臟腑、經絡、氣血的狀態，進而達到子宮內膜型態及厚度的改善，幫助胚胎在子宮中長大。

順帶一提，養內膜只是改善子宮狀態的其中一個環節，懷孕的最終目標是產下足月健康的胎兒，子宮承載胚胎近四十週，透過中醫的心－腎－子宮軸調理，是讓子宮的環境適合寶寶在裡面待好待滿，不要有早產、早期出血或胎盤阻力過大無法供給胎兒足夠的養分。而這每個環節的充盈與否，中醫師都必須依照月經不同時期審視每個環節是否有問題，基本上需要兩到三個月經週期確認。

我剛到台北工作的那兩年，遇到一個個案，因爲子宮內膜永遠在 6 mm 以下，而且子宮內膜型態沒有所謂的「黃金三條線」，生殖科的醫師一直認爲她曾人工流產，把內膜刮傷產生沾黏了，但是那位太太堅持沒有，因爲她是個很拘謹的人，婚前根本沒有發生過性行爲。我只能先調月經，讓月經週期跟經血量改善，再疏導她的情緒，後來因爲職場的不愉快，讓任職公職的她痛下決心留職停薪半年，也利用那半年專心調理，成功在留職停薪三個多月後懷孕，還可以有兩個多月安胎、養胎再去上班！

一般的時候我不會鼓勵積極備孕的未來媽媽放棄工作，如果她對工作樂在其中，爲了生育放棄工作，反而會讓她覺得有志不得伸，情志無法暢達。但是如果她已經很討厭那個工作環境或過度投入，以致於忘了當下最重要的生育大事，我便會嚴肅地要她考慮在工作與生涯規畫間取得平衡。我也是在孩子都十歲了才回到學校再進修，如果當初堅持要把學位完成再來生育，不僅受孕的機率降低，生養陪伴小孩需要付出巨量的時間與體力。也會讓高齡的父母覺得負擔太大，可能還得延遲自己的退休計畫。

在幫助夫妻們升等成爲爸媽的這條路上，師長的教導、過往治療經驗以及患者本身，都是我們很好吸取經驗的來源，有很多感人、令人難忘的故事，持續在診間發生。

Q&A

1.經期不固定，中醫可以給予什麼協助？

調經是中醫的強項，主要是從身體氣血循環的規則著手，恢復臟腑正常功能。

2.夏天吹冷氣，是否會讓子宮著涼？

看體質，有些人的體質受得了寒涼，但有些人無法。主要是看個人生活習慣、飲食習慣，有沒有運動、曬太陽等讓自己「退冰」的方法。

3.夫妻需要一起看中醫調理嗎？

當然建議，懷孕是雙方一起的，不是單方面努力就好，畢竟胚胎是一人一半，兩邊狀況都更好時，也更容易受孕。

4.我遲遲無法懷孕，是不是因為子宮太冷（寒）呢？

不孕原因沒那麼單純說一定是由於寒冷，氣滯、血瘀、血熱、痰濕、濕熱等都可能影響懷孕。就像種子埋入土中爲何不發芽，季節、濕度、土質都會影響，不是單一原因能解釋的。

5.每次月經都會經痛，會對生育有影響嗎？

要看原因。原發性經痛可能比較不會影響懷孕。但如果是子宮內膜異位、子宮肌腺症、骨盆腔炎等原因就有可能影響生育。

6.我有子宮肌瘤，可以吃中藥改善嗎？

主要看大小，較小可以再觀察，也就是西醫的觀察期。若已太大，必要時建議開刀。不建議自行吃補藥，子宮肌瘤常是血瘀，不是虛。

7.我有子宮息肉，可以吃中藥改善嗎？

可以，中西醫的治療方向可以互補，過大或過多的息肉建議還是要病理切片、切除，中藥可以預防太快再復發。

8.我有子宮內膜異位症，可以吃中藥改善嗎？

可以，子宮內膜異位常會有嚴重經痛，也容易影響懷孕，中藥不只可以改善痛經症狀，也可以幫助懷孕。

9.聽說喝四物湯、四君子湯、中將湯可以改善經痛，是真的嗎？喝了會影響備孕嗎？

使用中藥都建議評估體質，四物湯針對血虛，四君子湯補氣，中將湯溫中散寒止痛，是不同功效。不適合體質的藥吃了不會有幫助。

10.如何讓子宮內膜變厚？

通常會用補益氣血，再搭配加強子宮血液循環的藥物。除了藥物，視體質情況會加上針灸、薰臍、埋線等治療會更有效果。

11.可以靠針灸養子宮嗎？

當然可以，針灸不僅可以加強局部血液循環，還可以改善經絡循行所過之臟腑，使得氣血通暢且著重在我們要治療的器官。

12.素食者可以吃什麼養子宮呢？

因爲吃素容易攝取較少蛋白質，所以建議多吃蛋白質，黃豆、黑豆類及其相關製品。深色蔬菜、堅果、菇類都是很好的營養補充，蛋奶素的牛奶、雞蛋沒有過敏的情形也建議多吃。另外素食者維生素D3來源較缺乏，一定要多運動、多曬太陽，幫助身體合成所需的維生素D3。

13.體重會影響子宮功能嗎？可以吃中藥改善嗎？

會的！體重過重時也會影響荷爾蒙內分泌，吃中藥促進代謝減輕體重負擔、並促進氣血循環，對懷孕也會有幫助。

6-2 子宮內膜異位症

案例

N小姐很年輕就飽受經痛之苦，從月經來前一週多就開始下腹脹痛、頻尿、便祕、頭痛，月經來經痛需要靠止痛藥，經量大、血塊又多、月經來時又腹瀉頻繁，去婦產科檢查發現是子宮內膜異位症。三十八歲時做了內視鏡手術，之後順利懷孕，卻在發現胎心音後不久流產了。之後又因爲子宮內膜異位症復發，切除了部分子宮，也做了子宮動脈栓塞減少經量，雖然經痛、經量改善，但是頭痛依舊，而且子宮壁相當薄，即使做了試管療程也無法受孕。四十三歲時，她經由同事介紹進了診間，利用中藥、針灸，加上她自己量基礎體溫，經過一年半的調理，她終於自然受孕，隔年產下健康的女兒！

症狀

子宮內膜異位症（Endometriosis）是指子宮內膜生長在子宮腔以外的地方，多數會在長在子宮肌肉層（子宮肌腺症，Adenomyosis）、卵巢（巧克力囊腫，Chocolate cyst）、輸卵管以及子宮附近的組織，少數的情況也可能發生在身體的其他部位，隨著月經週期子宮內膜的消長，異位在其他部位的子宮內膜組織也會隨之剝落，因此有些會有週期性流鼻血或咳血的情形。

子宮內膜異位症會造成育齡女性很多的生活不便，除了嚴重經痛需要急診注射止痛藥、經量大造成貧血以外，排卵前後便開始腹痛、性交疼痛、骨盆腔沾黏導致腸胃脹氣、解便不淨感、易陰道及泌尿道發炎、經前頭痛等情況，在在都讓女性朋友生活品質變差。

子宮內膜異位症如同前面段落所說明，依據生長的位置會有不同的病症名稱，除此之外臨床上也有將子宮內膜異位症做程度上的區分。美國生殖醫學會將子宮內膜異位症分四個等級，會依據病變的外觀、數量、位置等因素評估，將嚴重程度從輕微至重度做分類，分級會影響到醫師的治療方向與患者的自然懷孕率，級數越高會越困難。

在不孕的婦女中，超過一半的婦女有輕微到嚴重子宮內膜異位症的情形，子宮內膜異位症的女性罹患不孕症的比例比一般女性多三倍。子宮內膜是受雌激素刺激增長，隨著年齡漸增，雌激素、黃體素等荷爾蒙週期性的讓內膜消長，導致異位的組織在體內越演越烈，受孕的機率也變小了。

主流治療方法

現今主流治療子宮內膜異位症的方法中，手術治療還是公認最有效的，有生育需求的婦女，術後半年到一年內是受孕的黃金期，因爲子宮內膜異位症是很容易復發的，一旦復發症狀就越演越烈，益發不易受孕。其他還有避孕藥、黃體素、促性腺荷爾蒙拮抗劑等的使用，使身體進入類停經狀態，現在的藥物設計比較好，身體不適的副作用降低，一旦停藥後，理論上身體可恢復原本的狀態，開始排卵、行經、受孕。

異位的內膜組織隨著血液四處流竄，造成骨盆腔內呈現慢性發炎的狀態，因此子宮內膜異位症對不孕的影響是從排卵、輸卵管運送到子宮腔著床一連串的，從巧克力囊腫影響排卵及讓卵子的品質下降，到輸卵管阻塞、沾黏或水腫影響卵子與精子的輸送與精卵受精，乃至胚胎運送到子宮路途艱困，即使成功抵達子宮，也容易發生著床困難。

因此來到中醫的門診，都會先跟未來媽媽溝通吃中藥不是「補」而是「清」，要先清理子宮環境，把發炎物質還有我們身體白血球跟細菌、病毒等打仗後的「戰場」清理乾淨，因此身體排泄的大小便會顏色改變，有時會出血、甚至陰道分泌物增加，臉上色素黯沉或青春痘也會出現，因爲身體要耗費能量去清理、代謝，所以會比較疲累，這些都是正常反應。

在此要釐清一般人跟很多婦產科醫師的迷思：吃中藥並不會把肌瘤或肌腺症越補越大。中醫治療方法可以歸納爲「汗、吐、下、和、溫、清、補、消」八法，除了溫、補，中醫還有其他六種治療的方法，受過合格醫師教育的中醫師，會知道選擇合適的治療方法，跟患者溝通，而不是一味的溫補。

而汗、吐法雖然是比較快速的排毒法，卻是現代人比較難接受的方式，所以比較常用的是緩瀉下、清熱、和解跟消法。尤其是子宮內膜異位症的患者，因爲異位組織跑到肛門或直腸的位置會導致排便不暢，跑到輸卵管會輸卵管阻塞跟脹氣，跑到膀胱會頻尿，經血逆流導致骨盆腔慢性發炎，使用消法的消導、消散、軟堅、散積是比溫補法合適的。中醫將子宮內膜異位症主要分成幾種類型：氣滯血瘀、寒凝血瘀、腎虛瘀阻、痰瘀互結、熱鬱血瘀，氣血虛的本與氣滯、血瘀、寒、熱、濕、痰等標症會互相糾結纏繞不清，是這個疾病最大的特色（請見【表6-2-1】）。

臨床上會利用月經週期療法，以補腎爲基礎，佐以活血化瘀、溫經散寒、軟堅散結、理氣止痛，依不同時期及目的使用不同方藥治療，月經週期天數因人而有些許不同，因此每個期別的天數會因人而異。（請見【表6-2-2】）

行經期：溫經化瘀止痛

濾泡期：子宮內膜增生，補腎塡精加活血化瘀，佐以少量溫經散寒藥。

排卵期：理氣活血助排卵。

黃體期：備孕者基礎體溫升高，使用補腎助陽；如果是爲了治療子宮內膜異位症，可以先化瘀攻破，在行經前一週改化瘀止痛藥物，減輕經痛、骨盆腔充血。

在臨床成功懷孕的案例中，不難發現大部分未來媽媽都夾雜著子宮內膜異位症、巧克力囊腫或子宮肌腺症的，在月經來潮前常見下腹痛、脹氣、頭痛，有的因爲經量太大而貧血，有的因爲經血逆流而輸卵管沾黏阻塞；有的服用荷爾蒙治療卻導致情緒低落、體重增加等副作用。

這種體質的婦女，也容易引起子宮外孕及流產，在備孕過程往往經歷過不只一次的手術經驗，這樣的經歷讓下一次的受孕又增添了些挑戰。要盡快幫助這類患者受孕又要避免反覆受孕、流產，是很需要拿捏時機的，通常沒有接受中藥治療經驗的未來媽媽，在使用中藥後

【表 6-2-1】**子宮內膜異位症的五種證型**

證型	症狀	治療方法	舌象
氣滯血瘀型	月經週期較不規則，情緒起伏大、胸悶、經前乳房脹痛，經前腹痛、腸胃脹氣	理氣活血散結止痛	舌邊有瘀點，舌色較黯淡，苔薄白
寒凝血瘀型	手足冰冷、臉色蒼白、腹部觸摸冷、接觸寒涼食物會腹痛更明顯	溫經散寒活血化瘀	舌色淡紫、有瘀點、苔或白
腎虛瘀阻型	腰痠、耳鳴、性欲冷淡、白帶清稀、記憶力減退	補腎益氣活血化瘀	舌色淡、舌體較胖大、舌或有裂紋
痰瘀互結型	腹部有時可以摸到腫塊、喉嚨有痰、解便有時便祕有時腹瀉	軟堅化痰活血止痛	舌體有時較瘦、舌色暗、苔較厚
熱鬱血瘀	怕熱、口乾舌燥、經前嘴破、月經經期提前、便祕	清熱散結活血化瘀	舌色紅、舌質偏乾

第一次月經來潮時會覺得症狀緩解很多，就急著想進入療程，但是這十幾年的經驗教我這只是個假象，因此我們都會鼓勵未來媽媽們量基礎體溫，由月經剛來的起始基礎體溫高低來判斷子宮發炎的程度有沒有真的改善。基礎體溫起始高溫的未來媽媽，往往在第二、三次月經來潮時會經痛更嚴重，或者經量有改變，因爲異位症的嚴重程度可以從幾乎無症狀到一個月疼痛超過二十天，所以治療的時間可能四、五個月甚至半年以上，這是必須做好的心理準備。

建議有內膜異位症的女性，要減少生冷、高糖高脂飲食，比如甜點、奶酪、布丁、慕斯、起士蛋糕、奶蓋冰飲等，減少身體的發炎情形。把握每次的月經週期，依照月經來潮時讓經血排乾淨，月經結束後滋養腎陰，排卵時調氣活血、減少排卵期疼痛或出血；月經來潮前破瘀散結、理氣止痛的步驟，可減少內膜異位症的疼痛、改善生活品質，備孕時在高溫期破瘀散結藥物減少，一知道懷孕再持續使用中藥保胎。

【表 6-2-2】

中醫月經週期療法	
行經期	子宮內膜剝落出血，月經來潮，以溫經化瘀止痛的藥物為主。
濾泡期	月經結束陰血耗傷，基礎濾泡開始發育，以滋陰養血的藥物為主。
排卵期	子宮內膜增厚，濾泡趨於成熟，以滋陰助陽、調氣活血的藥物為主。
黃體期	子宮內膜由增生期進入分泌期並繼續增厚，以溫陽化氣的藥物為主，加強黃體功能，利於胚胎著床。

6-3 反覆性流產

案例

星星夫妻是我看過很樂天、最配合的一對夫妻，認識他們正值我門診量最大的時期，每次的回診幾乎都耗費了一整天的時間候診，幾次門診時我離開診間去廁所，看他們夫妻倆依偎在一起打瞌睡，我看在眼裡心裡十分不捨，但是他們從不跟診間吵鬧、也沒抱怨過候診時間過長，還擔心我會不會太累、有沒有吃飯，就這樣我們互相陪伴兩年多。

星星三十二歲那年正常懷孕，妊娠七個月時卻突然胚胎無心跳引產，之後幾年也陸續懷孕，但是都看到胎心音後胚胎又不發育了。轉眼間也過了六年，去年年中第五次胚胎心跳停止，手術流產後，他們來到診間，夫妻一起調理身體，經過半年的時間，終於驗到兩條線了！我戰戰兢兢陪伴她孕期到順利生產、哺乳，去年她回來準備懷第二胎。

反覆性流產對不孕症的未來媽媽是非常沉痛的打擊，有別於施打了無數針劑、歷經取卵、植入，卻又驗孕失敗的失落，反覆性流產是在歷經了驗孕成功的喜悅，聽到了寶寶胎心音，最終寶寶卻沒有來到身邊的椎心痛。

很多夫妻會因爲經歷反覆性流產來到診間，除了希望透過中醫調整身體的同時，也選擇透過試管備孕，在胚胎培養成囊胎後做 PGT-A（又稱 PGS，胚胎著床前染色體篩檢），確認胚胎染色體沒有異常後再植入，一方面能夠提高懷孕率，另一方面降低流產率，至少確認反覆流產的原因，減少再次經歷一次這樣痛的機率。畢竟優質的胚胎是成功生殖的第一步，在胚胎染色體正常前提下，其他生化指數、免疫指數的異常才有討論的意義。不過門診中也有不少案例，雖然反覆流產、也驗到抗心磷脂質抗體、$\beta 2$ 醣蛋白 I 抗體、D-dimer 數值異常，但是自然懷孕後還是可以順利生下健康的寶寶。

反覆性流產在近幾年廣受討論，一方面是我們對分子生物學越來越多的了解，一方面也是拜驗孕設備方便取得之賜，甚至月經還沒來的時間就能驗到妊娠指數。像我的老大現在已經十六歲了，我懷他的初期驗孕棒一直檢測不出，一直覺得月經好像要來卻沒有來，每個月驗孕都希望落空，等到過了三個月覺得是不是要去催經了，一驗才發現兩條線，去婦產科照超音波時，超音波估計已經12－14週了，醫師要我回想可能受孕時間，當然是不可考了！

很多的早期流產跟胚胎本身的染色體異常有很大的關係，不一定是免疫排斥，中醫還是強調「經調、精壯」才是成功妊娠的第一步。

定義與治療法

反覆性流產（Recurrent pregnancy loss, RPL）指的是兩次或兩次以上連續流產，發生的原因非常多樣，比如菸酒、藥物、內分泌系統異常（甲狀腺、黃體不足、糖尿病等）、染色體異常、子宮或子宮頸結構異常、感染、血栓、免疫抗體……

目前有非常多的檢查及藥物被認為可以減少反覆性流產的發生，從最簡單的阿斯匹靈減少血栓的產生、類固醇降低母體對胎兒的免疫排斥、施打免疫球蛋白等，診間也常遇到反覆流產的婦女，除了備孕期要很仔細把子宮、骨盆腔感染、卵子的品質、內分泌系統的狀況等都全盤確認無誤後才能準備受孕，懷孕了之後更要戰戰兢兢保胎、預防子癇前症、早產、流產的發生，直到母嬰平安順產才能鬆下這口氣。

反覆性流產在中醫歸在「滑胎」「數墮胎」「屢孕屢墮」裡，以往的農業社會，普遍勞動過度又營養攝取不足，多以脾腎兩虛、氣血虧虛為主，現在則常見氣陰兩虛而且瘀熱互結的狀況，所以治療的方式有些不同，古代多用健脾補腎，現在則需要加入清熱涼血活血的思維，有點類似阿斯匹靈的使用。從前面介紹的這麼多難孕狀況，可以得知反覆性流產的原因相當複雜，可能是男女雙方基因的問題，可能是多囊性卵巢症候群、卵巢早衰或是內分泌系統、免疫失調、慢性骨盆腔炎或陰道炎、子宮內膜炎等引起胚胎無法在子宮內成長。

精卵要相遇乃至發育成個體的過程，是需要身體的整個系統緊密配合、合作無間才有辦法完成的。現代醫學已經很完美的將精卵受精的過程解析，在實驗室中讓精卵受精培養成胚胎，然而再怎麼完美的胚胎，放到一個不適合生長的子宮環境，還是無法長成個體，所以古人說「調經種子」是非常有道理的，子宮好比是肥沃的土壤，胚胎就是種子，種子放在適合生長的土壤裡就自然會發芽長大，土壤貧瘠不利生長，種子自然沒辦法發育了。

人體內自然受精時精卵在輸卵管壺腹處相遇，待個一天左右便開始慢慢往子宮腔移動，受精後五到七天抵達溫暖的子宮，受精卵的滋養層便開始往子宮內分泌激素，準備著床。在此同時子宮內膜也接到訊號，母體的激素也開始改變，胚胎著床的地方是免疫豁免區，等寶寶形成胎盤後，與母體間透過血胎障蔽與母體保持著既相關又獨立的狀態。這個過程絕不是單純只有免疫排斥或血栓過高導致胚胎不發育而已，必須身體各個小單位「同步」配合才能完成，因此現代醫學解決了受精問題，開始重視「子宮內膜容受性」。

在中醫整體觀中，這個子宮內膜容受性問題就非常簡單，也保持相當彈性。當身體處在準備好的狀態就可以讓胚胎發育，成功孕育生命。所以中醫處理反覆性流產不是等到受精後才開始治療，而是強調「預培其損」，將身體有狀況的部分調整後再談備孕，受孕後更不可以輕忽，中藥的安胎效果也非常卓著，也有補腎養血、涼血活血安胎等作法。

這跟小產後婦產科通常建議休息三個月後再行備孕的想法相當，因為妊娠時身體的荷爾蒙會產生變化，必須要有段時間讓身體回復，然而有些未來媽媽因為焦慮無法受孕、又怕受孕後再度失去，在這矛盾心態裡進退維谷。情緒也會影響身體的狀態，導致難孕體質，所以適時轉移注意力也是很重要的。有些婦女離開職場，專心備孕，反而因此得失心很重，每次看到月經來就憂鬱沮喪，我反而會鼓勵她去做點簡單的工作或加入志工行列，讓自己不要把全部的心力放在生育上；有些工作十分投入的職業婦女，就要勸她們在備孕時，懂得取捨，適時放過自己、愛自己。

反覆性流產的未來媽媽因爲本身條件的問題，妊娠期間發生子癇前症的比例也相當高，也容易導致早產，所以一旦懷孕，千萬不可輕忽，仍然需要規律回診中醫門診，醫師也會適時調整藥物。這幾年下來很多孕婦利用妊娠養胎，不但讓自己順產，也把自己跟寶寶的體質調養好，接下來母嬰相處更融洽，寶寶因爲健康也比較好照顧！在此強調宜蘊中醫診所就是秉持著一人吃兩人補的想法，提供媽媽安全、安心的治療，也不讓有疑慮的藥物危害寶寶的健康，所以診所裡使用的藥材都要通過農藥殘留、重金屬及塑化劑檢測的安心藥材，以及GMP廠商提供的科學中藥製劑；診所也會定期抽樣送檢，提供民眾有效而且安全的治療。

子癇前症：小婷的故事

在即使醫學進步的現今，妊娠仍是一件高風險的事情，許多準媽咪在孕期間，總是提心吊膽：

「寶寶是否健康呢？」

「自己會不會有妊娠高血壓／高血糖／免疫排斥？」

「聽說有媽咪前輩，備受妊娠嘔吐、蕁麻疹、腸胃道／呼吸道狀況、宮縮、出血等困擾……」

上個月，連續遇到兩位來診朋友，因「胚胎神經管發育」有狀況，在25週前終止妊娠；另有一位在14週超音波發現問題，直接引產。我總跟來診朋友分享：懷孕像是準媽咪跟自己的寶寶談一場戀愛，時時刻刻交換彼此的感受。有時，認定了雙方是「對的人」，相處十個月後喜悅相見歡；有時，僅僅是彼此緣份尚未到，鬆開手、放寬心，等待下一段美麗好緣。

小婷是我遇到的第二位，寶寶超過了35週，卻仍來不及到人間報到，在媽媽子宮短短的造訪了世界後回去當天使；她也是中醫婦科教育裡，較少提及的產科急症「子癇前症」案例。

小婷知道，上一胎的經驗，只是寶寶還需要一點準備。她很期待與寶寶相見歡的那一天，積極的找我調理。我陪伴著即將步入不惑之年的她，從體質調理、養卵、到養子宮、養內膜，我們一起看到了兒子的心跳、每次產檢的追蹤、D-Dimer、血糖、血壓、胎盤血流阻力……一關一關過，除了阿斯匹靈，其他的藥都沒有用！

因疫情關係，她提前十天剖腹生下四千一百克的兒子，最厲害的是，整個孕期她連一公斤都沒有增加！小婷產後與我保持著聯繫，我持續關懷她的身體健康，除了使用診所「產後調理方劑」，她對「DoubleLine好孕家安心好孕綜合維他命」也相當支持。她分享道：現在的月子中心，芳療、洗頭、疏通乳汁都有專人服務。聽了都想再生一胎。

小婷的兒子頗有明星架式，貝克漢頭、花輪頭都能完美駕馭。

Chapter 7

養精蓄銳

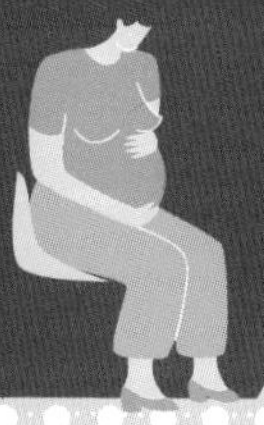

7-1 搶救精蟲大作戰

二〇一七年有篇研究論文指出北美洲、歐洲、澳大利亞洲男性的精蟲濃度與總數量降低後，二〇二三年《人類生殖前沿》（Human Reproduction Update）指出，非但北美洲、歐洲、澳大利亞洲的男性有精蟲危機，中南美洲、亞洲、非洲男性的精液品質各項指標亦下降。一九七三年精蟲數量 $101*10^6$/ml，二〇一八年下降至 $49*10^6$/ml，也就是說，從一九七三年至二〇一八年，全世界男性的精子濃度下降 51.6%，全部精子數量下降 62.3%！二〇〇〇年後精子濃度更是以 2.64% 的速度快速下降！越來越多人正視男性在生育上的問題。

造成男性不孕症的原因

跟女性一樣，男性要具備生殖能力，必須有荷爾蒙刺激製造強壯的精蟲跟暢通的輸精管運輸精蟲，但男性的生殖器是外顯的，所以第一步驟一定事先做外觀的理學檢查，看看陰莖型態、陰莖大小、尿道口開口的位置（尿道下裂或尿道上裂）、包皮是否過長、尿道口有無膿性分泌物；接下來就是觸診陰囊看有沒有隱睪症、睪丸大小是否正常、有沒有腫脹或壓痛、是否有精索靜脈曲張的情形。精液裡除了精蟲，大部分是來自精囊腺、前列腺和尿道球腺產生富含果糖、前列腺素、蛋白質水解酶等維持精蟲在弱鹼的環境中，保護精蟲能在遇到卵子前不被破壞，同時在接觸卵子時全面衝刺，抱得美人（卵子）歸，完成受精的任務，最後還要記得提醒卵子把門關起來，不要讓其他精蟲再進來卵子裡，干擾洞房花燭夜。所以在討論男性生育的問題時，必須分精蟲跟精液兩個部分探討。

跟女性一樣，男性要具備生殖能力，必須有雄性荷爾蒙刺激睪丸的曲細精管製造強壯的精蟲，精蟲在副睪裡成熟後由暢通的輸精管運輸精蟲。男性的生殖器是外顯的，所以第一步驟一定事先做外觀的理學檢查，看看陰莖型態、陰莖大小……

【圖 7-1-1】

精蟲型態比較圖

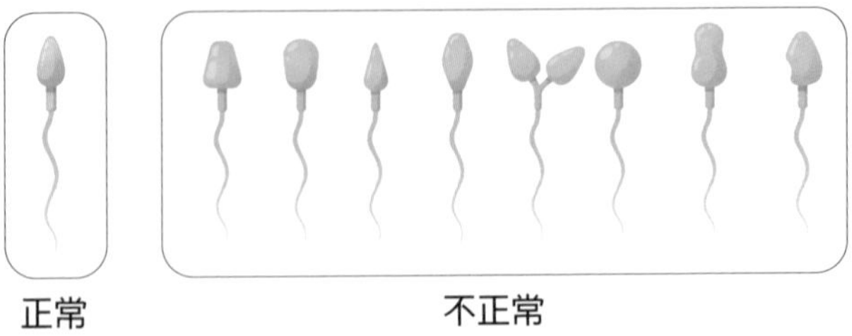

1. 精液異常：精子數量少、精蟲形態異常或精蟲活動力不佳；精液酸鹼值異常、液化時間不正常、精液黏稠度異常、精液顏色不正常都須列入評估。（請見圖 7-1-1 ～ 3）

2. 睪丸製造精子障礙：先天性異常（隱睪症）、染色體異常（性染色體異常、Y 染色體基因微缺失）、荷爾蒙異常（腦部腫瘤、或腦下垂體荷爾蒙分泌異常）、感染性疾病（嚴重睪丸炎）、精索靜脈曲張、慢性疾病、外傷、環境毒素、睪丸腫瘤、曾接受化學治療。雖然造精功能異常，但仍有機會以顯微睪丸取精術（Testicular sperm Extraction, TESA）的方式從睪丸組織裡找出少數可用的精蟲，取精成功率約 50 ～ 60％。（請見圖 7-1-5）

3. 精子運輸系統異常：包括先天性無輸精管症或後天輸精

【圖 7-1-2】

精蟲型態檢查

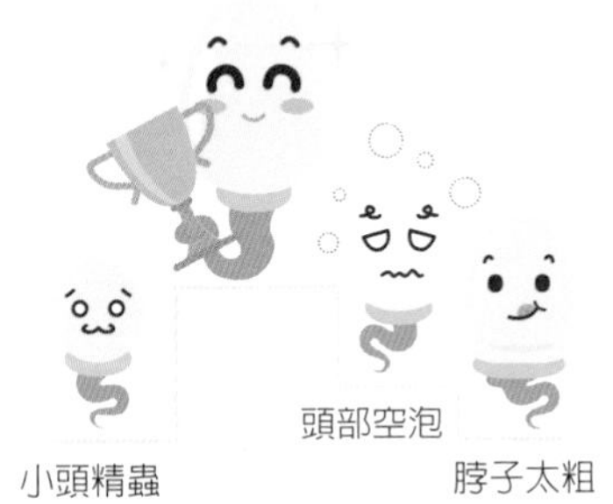

【圖 7-1-3】

精蟲活動力檢查

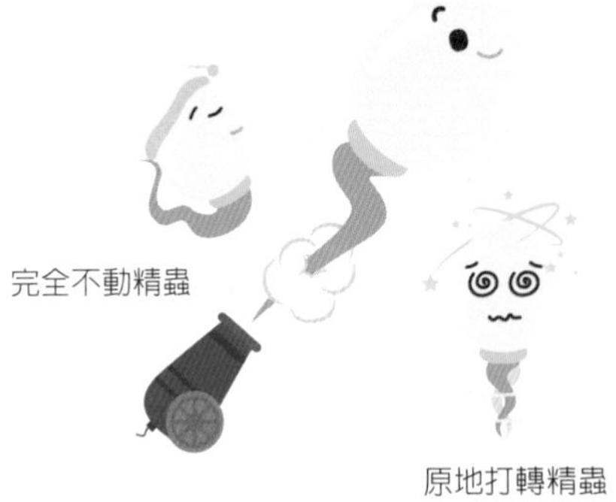

管阻塞。阻塞性無精症可以採取副睪取精（Microsurgical Epididymal Sperm Aspiration, MESA）的方式取得較睪丸切片取精成熟的精蟲，受精成功率高。（請見圖 7-1-6）

4. **性功能障礙：**因射精功能障礙而無法射精，如陽萎、早洩、尿道下裂、逆行性射精等。

5. **內分泌的問題：**性腺功能低下症、泌乳激素過高症。

6. **慢性疾病：**痛風、高血壓、糖尿病等，或是服用抗憂鬱、鎮靜劑等精神科藥物。

【圖 7-1-4】

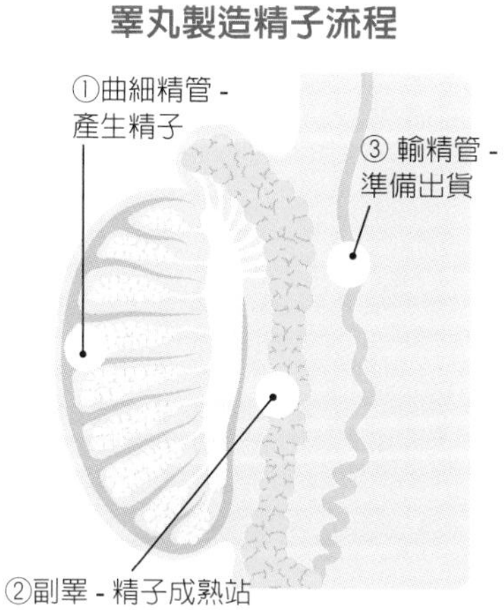

【圖 7-1-5】

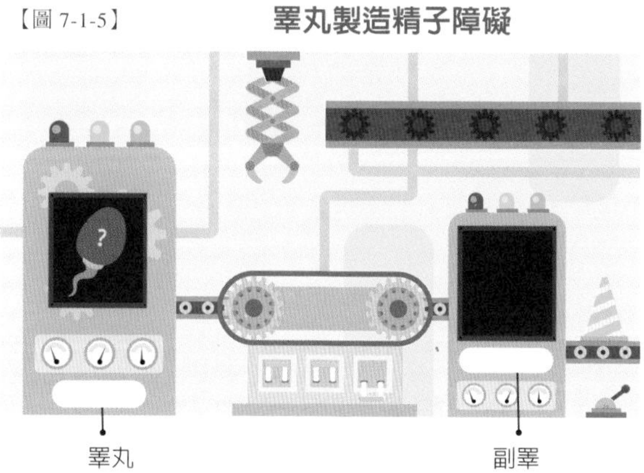

【圖 7-1-6】

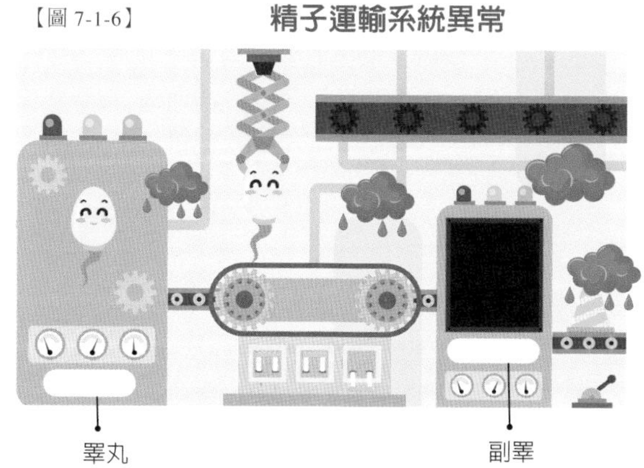

目前的男性精液檢查標準（請見【表7-1-1】）多是參考世界衛生組織（WHO）的標準，這些精液數值的來源是伴侶在無避孕狀態下，一年內自然受孕的男性，取第5個百分點作爲最低基準的參考值所統計出來的。（其實就是以自然受孕成功的男性倒數5%作爲最低標準）

研究指出頭型偏小或圓形的精子，頂體占頭型的比例會偏低（小於30%），自然受精的成功率也會下降；而精子頭型過大（Megalo head）或偏長也會影響受精率、懷孕率，即使是用單一精蟲顯微注射（Intracytoplasmic Sperm Injection, ICSI）方式受精率也比較差。

所以男士的檢查不多，而且從精液的檢驗就可以看出大部分的端倪了，因此政府在婚前健康檢查裡，特地安排了精液檢查項目。大家也可以拿出精液檢查報告對照一下，是不是眞的都沒有一個項目異常？目前的精液檢查有兩種方式，一個是人工判讀，一個是用晶片檢驗，肉眼視力判讀的精蟲型態正常率要在60%以上。WHO是以自然受孕成功的男性倒數5%作爲標準，如果想要正常自然受孕的精蟲及精液品質，建議以【表7-1-2】爲準。

【表 7-1-1】

世界衛生組織（WHO）精液檢查標準值		
版本	第五版	第六版
年份	2010 年	2021 年
精液量	1.5ml	1.4ml
精蟲濃度	1500 萬 /ml	1600 萬 /ml
總活動量	40%	42%
前向運動	32%	30%
正常型態	4%	

【圖 7-1-7】正常精蟲的樣子

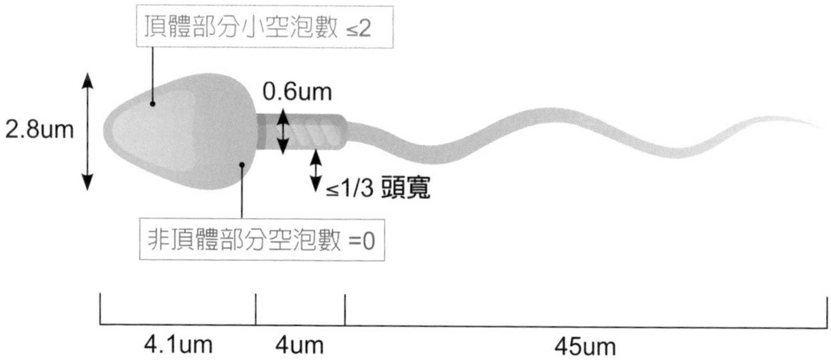

【表 7-1-2】

精液分析（SA）

項目	正常值	說明
精液數量（volume）	平均 3～5ml	一次射精中一滴精液也沒有稱為「無精液症」 若精液量少於 0.5ml 者，稱為「精液過少症」 一次射出 6ml 以上者，稱為「精液過多症」會造成子宮頸精子濃度低
精液外觀（appearance）	不透明	精液外觀應是不透明。若精液顏色過於清澈，可能是精子濃度過低
顏色（color）	灰白色	顏色如果太清白，可能是精子濃度太少，但如果含有紅血球時則會呈棕色
酸鹼值（pH）	7.2~9.0	較低的 pH 值，精子活動會被抑制
精子活動力（motility）	射精後 50~60% 具有活動力	快速直線前進的精蟲要超過 30-32% 才有機會游到輸卵管與卵子相遇喔！
精蟲形態（sperm morphology）	4% 以上的精子型態正常，呈卵圓形	精索靜脈曲張會有較高比率的細型態的精蟲
精子數量（Spermatozoa count）	1,500 萬～6000 萬／c.c.	當精子總量 <1 千 5 百萬／ml，代表不易受精
精子液化時間（iquefaction ）	在 30~60 分鐘內可液化	液化時間如果過長或無法液化，可能會影響到精蟲活動力，如果液化時間過長，可能是攝護腺發炎了
黏綢度（viscosity）	>3 公分細線稠體	檢查精液黏綢度情形，通常完全液化的精液，利用玻璃棒提拉黏液絲法，可拉出 3~5 公分的細線稠體，若 <3 公分將影響精子活動力與繁殖力。
紅血球（R.B.C）	0 － 5HPF	有膿細胞顯示感染
白血球量（W.B.C）	少於 1×10^{6}/ml	白血球增加顯示感染

男性蒐集精液前的注意事項

1.檢查前男性需禁欲二到七天。

2.以手淫的方式把全部精液蒐集在醫院診所提供的容器（如集精杯）中，收集時應把精液直接射入容器中，不可先使用市售保險套或其他器皿取集。

3.蒐集精液的地點可以在醫院診所的取精室，也可以在家裡收集，並於射精後 1 小時內送至實驗室。運送過程最好保持集精杯溫度與體溫相近。

4.精液送達後，實驗室人員會檢查精液的液化時間、外觀、體積、黏稠度、精蟲濃度、精蟲形態、與精蟲活動力等項目。

荷爾蒙檢查及其代表之意義

在男性不孕症當中，精液每 cc 少於五百萬隻的精蟲稀少症和無精症的男性，都應該做腦下垂體前葉分泌的濾泡促進激素（Follicle-stimulating hormone, FSH）、黃體成長激素（Luteinizing hormone, LH）、泌乳素（Prolactin）以及由睪丸間質細胞所分泌的睪固酮（testosterone）荷爾蒙檢查。

FSH、LH 偏高，而睪固酮偏低，表示無精症的原因來自睪丸本身，這種也稱之爲原發性睪丸衰竭，血液中睪固酮濃度高低可作爲補充該荷爾蒙的參考。

阻塞性無精症患者，FSH、LH、睪固酮通常正常。睪丸靜脈曲張嚴重造成精蟲稀少症的病人手術後，如果血中FSH偏高很多，代表手術預後不佳。

如果血液中FSH、LH偏低，而睪固酮也偏低，這就是性腺功能低下症，表示無精症的原因來自於下視丘或腦下垂體。

如性欲減退、不能舉堅等的性功能障礙患者，要檢測血液中泌乳激素（prolactin）濃度。血中泌乳激素偏高的話，要先排除有沒有服用鎮靜劑或其他精神方面疾病的藥品，如思覺失調、憂鬱症的藥品。如果沒有，需要做腦部的影像學檢查（CT、MRI）看是不是腦下垂體腫瘤影響性腺激素。

NG 不利精蟲健康的行為

1. 生活習慣：酗酒、抽菸、熬夜、穿緊身褲（牛仔褲、貼身內褲）、浸泡熱水澡、三溫暖等。
2. 飲食：燒、烤、炸、辣、高糖、高油、高鹽的精緻加工食品，手搖飲或瓶裝飲料。
3. 運動：太頻繁從事高強度、劇烈運動。
4. 環境：長期曝露在高溫、放射線、電磁輻射、化學工業之環境，或是使用電腦時間長，久坐沒起身活動、還有將筆電放置於大腿上使用時間過長。

5.精神狀態：如果精神壓力一直無法降低，也可能會影響興致。

6.藥物：特殊性藥物都有可能會對功能產生不良的影響。

7.男性相關疾病。

YES 精子型態的生活調理

1.多攝取營養原型食物：盡量挑選原型食物，並選擇海鮮、蔬果做補充。

2.規律作息及充足睡眠：盡量不熬夜，每天至少睡足6～8小時，並維持正常生活作息。

3.避免接觸環境荷爾蒙：像空氣芳香劑、油漆、殺蟲劑等，都應該盡量避免。

4.避免處於高溫環境：少穿緊身褲，少騎腳踏車，盡量避免泡湯、三溫暖等高溫環境，或者盡量不要待太久。

5.避免隨意服用藥物：不隨意聽信坊間的生子秘方、中藥湯水等偏方，建議聽從專業醫師診斷為主，切勿隨意用藥或停藥。

6.適度放鬆解壓與調適：找些管道能夠讓自己轉移注意力，紓解壓力、放鬆心情。

7.多補充營養品：常見的瑪卡、精胺酸、鋅、Q10、葉酸等，還有中藥裡的人參、鹿茸、黃耆、冬蟲夏草都是對精蟲調養非常重要的營養素。飲食方面有以下的推薦。

男性孕前六大類推薦食物

一、**肉類**

1.牛肉

營養豐富，對精液、精蟲的生成很有幫助，也能夠快速補充體力，適合虛弱的族群。但是脂肪含量也相對高，對於心血管有問題的男士，攝取時適量即可。

2.羊肉

性味甘溫，普遍認爲可以補虛勞損傷。不過，陰虛體質的人吃羊肉反而容易上火而口乾舌燥、嘴破、便祕。

二、**堅果類**

1.核桃

富含ω-3脂肪酸，可以通過增加睪丸的血液流量來幫助提高精子的體積和產量。它也充滿了精胺酸，可以增加精液的體積。

2.杏仁

能夠刺激男性激素的分泌，起到發揮健腎、補血、益胃和潤肺的功能，在平時都可以做補充。

4.開心果

堅果營養物質豐富，含有的微量元素，比如開心果含有的鎂和鉻元素，可以刺激性腺激素分泌雄激素，提高體內雄激素水平。

5.芝麻

補鈣補鐵，豐富的油脂可以降低膽固醇和三酸甘油脂，潤腸通便，富含花青素跟維生素E抗發炎。

6.南瓜籽

含大量鋅、鎂、單元不飽和脂肪酸，可以改善慢性攝護腺增生的問題。

三、水果類

1.香蕉

含有一種名爲菠蘿蛋白酶的稀有酶，這是天然的抗炎酶，可以有效提高精子數量和精蟲活動力。香蕉還有安神的作用，對於容易緊張焦慮、工作壓力大的男士適合每天來一根香蕉。

2.藍莓

所含的槲皮素和白藜蘆醇是抗氧化物的重要來源。研究顯示，槲皮素可以保持精蟲的活動力和質量，而白藜蘆醇則被證實是可以改善精子的活動力。

四、蔬菜類

1.菠菜

葉酸對精子的健康發育很有幫助，像菠菜這類富含葉酸的綠色蔬菜，長期適量的補充就可以有效降低精子畸形的發生機率，如果畸形精子的比例太多，會很難到達卵子，就算到達，也不易穿透卵子的保護層；另外，畸形精子太多也可能會導致胎兒缺陷的機率增高。

2.韭菜

含有揮發性精油硫化丙烯及鋅，不但能補虛、壯陽，對於頻繁夜尿者也會有舒緩的作用。因此韭菜又被稱爲「男人菜」，除了有大眾熟知的殺菌能力，還有利於B群吸收，促進糖類的新陳代謝，緩解身體的疲勞感。

3.花椰菜

含葉酸、植化素，是超強抗氧化劑，被認爲可以提升男性生殖力。

4.蘆筍

富含芸香素、槲皮素及花青素，抗氧化可以保護睪丸細胞免受自由基傷害，使身體能製造出更健康的精子。

5.番茄

可以提高男性的精液濃度以及精蟲活動力，增強精子的質量，而茄紅素不僅可以提高精子型態與生育能力，還能提升精子的「游泳速度」，減少精子異常的機率。其他研究也發現，富含茄紅素之蔬果還能夠有效降低罹患前列腺疾病的機率。

6.小麥胚芽

被譽爲「人類天然營養的寶庫」，富含蛋白質、胺基酸、不飽和脂肪酸，小麥黃酮、穀胱甘肽等植化素，含有豐富多種的維生素，維生素E和維生素B群含量相當高，還有鈣、鉀、鎂、鐵、鋅、鉻、磷、錳、銅等多種礦物質和微量元素。

7.洋蔥

含有前列腺素，可以強化生殖器，提高睪固酮分泌，對男女都有增加性欲的功效。

8.大蒜

可以增強免疫力、抗發炎、抗癌，所含硫化物可以擴張血管。洋蔥、蔥、蒜、韭菜和薤，被佛家喻爲五辛菜，認爲吃了會容易起心動念，不利修行，合理推論有助長性欲的功能。

五、**海鮮類**

1.牡蠣

含有大量的鋅，能夠有效的提升精子品質和體內睪固酮的量，解決男性不孕。

2.蝦子

男性的精子是由蛋白質所構成的，補充足夠的蛋白質，生殖器官才能夠有充足的營養來生產精子。蝦類的蛋白質含量非常豐富，還含有鋅等微量元素，對於男性的生殖系統有幫助。

3. 鮭魚

內含豐富的 Omega-3 不飽和脂肪酸，該脂肪酸內含有 DHA，因此若是男性食用鮭魚，可增加精液內 DHA 的濃度，提升精蟲活動力與精液品質。

六、中藥類

1. 枸杞

不僅能夠幫助男性提高性欲，還有補腎、養精作用。在古代，男性出現不育的情況，會使用五子衍宗丸（菟絲子、枸杞子、覆盆子、車前子、五味子），通過種子類的食物幫助男性生育力。

2. 黃耆

可以提高精子型態和精蟲活動力，能夠延緩細胞老化，並用來調理生殖細胞，幫助男性養精助孕，可以提升精子維持好品質。

3. 人參

所富含的植物性荷爾蒙可提升睪固酮含量，並改善精子的型態和增加性活動的頻率。

4. 刺五加

又稱西伯利亞人參，含刺五加皂甘、多種醣類、胺基酸、脂肪酸、維生素和微量礦物質，還有豐富的黃酮類和多酚類，有強壯補虛抗疲勞的作用。

5.淫羊藿

又名仙靈脾，據說羊吃了就可以持續跟母羊交配，歷久不衰，所以有類雄性激素的作用，是中藥界的威而鋼。

6.山藥

富含澱粉及多種人體必需胺基酸、礦物質，在中藥裡入脾、肺、腎，補氣益陰，不管男女老少都適宜。

7-2 亞健康狀態

育齡男性沒有辦法順利當爸爸的原因，大部分不是因爲精液檢查異常，或長時間使用藥物的慢性疾患，而是身體處於亞健康狀態，內憂（壓力、情緒困擾）外患（網路聲色刺激、菸酒交際事務龐雜）導致「性」趣缺乏。在門診中常見男士的問題，大部分可以藉由改變生活習慣來改善，比如戒菸，少喝酒，少吃其他燒、烤、炸、辣、重口味等刺激性食物，戒冰飲、瓶裝飲料或手搖飲，吃飯慢一點，吃飯時間早一些，加上規律運動，不要熬夜。其他多利用改善腸胃功能、過敏症狀、安神紓解壓力的中藥幫助先生重拾男性雄風。

這跟一般的認知補腎壯陽讓精蟲強健的觀念似乎不同，理由是現代人的生活型態跟以往已經大不相同，農業社會需要強壯的身體從事勞動工作，所以強調「補養」；工業社會大部分勞力工作已經機械化，男士們「勞心」多於「費力」，而且營養來源充足，需要的是「梳理」氣機、「分配」營養物質到所需的地方。

門診中常見以下對話：

太太：醫師，我先生每天下班回家都很累，在沙發上就睡著了，半夜又爬起來打電動，三更半夜不睡覺，睡著了打呼聲很大聲，早上又賴床起不來。我看他滿臉青春痘，口臭又很嚴重，大便也很臭，是不是要吃清肝降火的藥啊？

我：先生下班就睡著，那晚餐幾點吃？有沒有吃宵夜的習慣？吃東西是不是很快？宵夜最常見的就是鹹酥雞加啤酒，或是泡麵，新鮮蔬菜攝取量不多，帶著未消化食物進入睡眠狀態，當然沒有辦法得到良好的睡眠品質。這些不完全消化的食物，在體內日積月累，當然就會變成毒素，在清熱解毒之前，要先「消導」，有點像馬桶塞住了要「通樂」一樣，把積滯在腸胃道的腐敗食物清除，同時改變飲食習慣，杜絕再復發。

臨床常見先生飲食的問題引起胃食道逆流、胃酸過多、大腸激躁症，他們都覺得沒什麼大不了，喉嚨痛一下，下一頓不要吃太飽，拉一下肚子沒關係。對身體發出的求救訊號就這樣忽略了。然而脾胃是後天的根本，長時間下來，沒辦法吸收營養精華，自然年紀大了就毛病更多了。成人晚上說夢話、磨牙、打呼、口臭等都跟腸胃道的問題有關，不可小覷。

過敏的症狀是臨床第二常見的案例，有一對夫妻結婚三年、沒避孕，太太卻一直沒有受孕。先生檢查雄性荷爾蒙不足，精蟲的品質狀況不佳，服用 Clomiphene 等提升精蟲品質的藥品還是成效欠佳。二〇二二年七月來中醫調理，因為長時間鼻過敏、鼻塞、黑眼圈、科技新貴壓力過大而睡眠品質欠佳，經判斷認定肺脾腎氣虛，一開始從肺、脾先著手，補土生金改善鼻過敏，當夜間不鼻塞，就可以好好舒暢的睡覺了。第二個月：肺腎合治，金生水，改善腎氣打底。

第三個月：加強五子衍宗丸，幫助精蟲活動力。實事求是的他，經過三個月調理，就算變天也不會鼻子過敏了，睡眠、精神也改善，於是主動要求再驗一次精蟲品質，結果從各項數值都可觀察出長足的進步，包含精蟲的濃度與活動力都大大提升，精蟲的濃度提升了2.3倍（從三四一〇萬/ml提升到七八七〇萬/ml，前向運動的比例則是提升了1.3倍，從原本的59%提升到了81%。非常鼓勵先生們透過中藥調理，改善體質，精蟲活動力也會附帶地提升！

第三個問題就是壓力，現代人不管工作或生活都很常處在高壓狀態。當早上太太跟先生說「我驗到排卵強陽了，今天要早點回家做功課喔」，那天夫妻就很容易吵架，或先生就是提不起興致。中藥在緩解情緒上的幫助很大，恢復自律神經平衡狀態，讓身體該活躍時活躍、該休息時休息，這樣工作效率也會提高。

這十年來在診間的生態有很大的轉變，以往先生來門

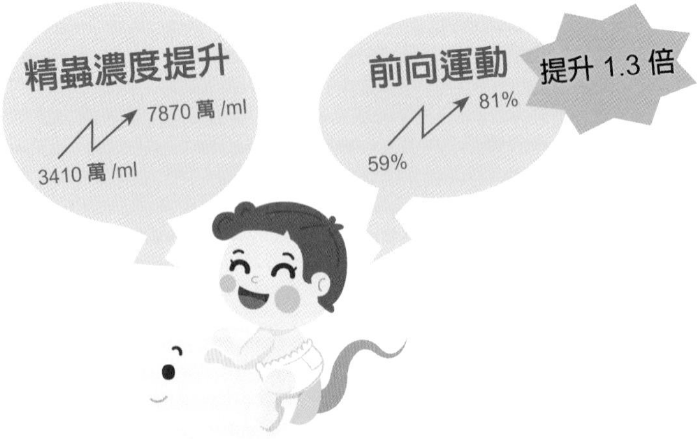

診會說是太太要他來的；或是問診的題目全部空白，看診原因寫「生小孩」。現在先生的參與度高很多，很多會做筆記，記錄太太的基礎體溫。鼓勵夫妻們可以做「正念」（Mindfulness），練習以開放的態度去覺察當下，我覺得現代人在生活中可以用這方式覺察自己身體的狀態，學習正念減壓的方法，專注在當下的走路、吃飯，做每一件事。

在這裡介紹兩個量表，男性朋友可以透過量表了解自己身體的狀態。美國聖路易大學的約翰·摩利（John E. Morley）教授認爲睪固酮在男性生理上占著極大的重要性，在老化的同時，睪固酮的含量會降低，這是造成認知功能、體力、肌力、骨骼密度、及性欲降低的原因。根據因爲睪固酮不足所引發的臨床症狀，摩利設計一份簡單的問卷（Androgen Deficiency in Aging Male, ADAM），作爲睪固酮不足的篩檢（請見【表 7-2-1】）。睪固酮是驅動睪丸工廠製造精子的荷爾蒙，睪固酮不足的初始，可能在精液檢測時還不會出現異常，但是對生育力已經是個警訊了。

檢查看看，你是否有以下現象？

表中問題中，如果第 1 或 7 題回答「是」，或是其他八題有任三題回答「是」者，就需要進一步確認是否爲睪固酮低下症患者。

【表 7-2-1】

男性荷爾蒙低下自我評估量表

1. 是否有性欲（性衝動）降低的現象？	□是 □否
2. 是否覺得比較沒有元氣（活力）？	□是 □否
3. 是否有體力變差或耐受力下降的現象？	□是 □否
4. 身高是否有變矮？	□是 □否
5. 是否覺得生活變得比較沒樂趣？	□是 □否
6. 是否覺得悲傷或沮喪？	□是 □否
7. 勃起功能是否較不堅挺？	□是 □否
8. 是否覺得運動能力變差？	□是 □否
9. 是否在晚餐後會打瞌睡？	□是 □否
10. 是否有工作表現不佳的現象？	□是 □否

說明：男性荷爾蒙（睪固酮）分泌高峰期爲十五至三十歲，隨著年紀增長，血液中的男性荷爾蒙濃度會以每年1－2%的速率下降，四十歲之後，就會產生較明顯的不足症狀。

資料來源：美國聖路易大學男性荷爾蒙低下自我評估量表

德國海尼曼（Heinemann）教授所發展的男性老化症狀問卷（Aging Males' Symptoms, ScaleAMS scale）可能是較理想的問卷（請見表【7-2-2】）。17個題目分爲3個類別，涵蓋精神、身體狀態及性功能評估，第1－8題爲精神問題，9－14題爲身體症狀，15－17題爲性功能。每題分5個等級，分數越高症狀越嚴重，總分落在7－26分屬無症狀，27－36分屬輕度，37－49分屬中度，50分以上屬重度，分類詳細，也通過信效度評估，提供做爲生活品質評量，以及更年期症狀治療前後比較的依據。做了量表後，如果覺得自己調整生活習慣就可以改善精神狀態，試著改變一下，讓自己過得更好；如果需要一些協助，也歡迎大家透過中醫來幫助自己維持更好的身心狀態！

【表 7-2-2】

男性老化症狀問卷

下列哪些症狀已經發生在你的身上？請將答案標示在欄位中。如果你並沒有下列所描述的症狀，請將答案標示在「無症狀」的欄位中。

症狀	無症狀 1	輕微 2	中度 3	嚴重 4	非常嚴重 5
1. 整體身體與精神健康的感覺有減少的情形：一般的身體健康狀況、自我的感受	○	○	○	○	○
2. 關節疼痛與肌肉疼痛（下背痛、關節痛、手或腳痛、一般的背痛）	○	○	○	○	○
3. 過度地流汗（無法預期的或是突然的流汗），並非在勞累的情形下發生熱潮紅（一陣熱一陣冷，臉紅或冒汗）	○	○	○	○	○
4. 睡眠的困擾（難以入睡，難以一覺到天亮，過早醒來且覺得疲累，睡不好，失眠）	○	○	○	○	○
5. 需要更多的睡眠，經常覺得疲累	○	○	○	○	○
6. 暴躁或是易怒，感覺對他人會有攻擊或是挑釁，容易被小事所擾亂，感到喜怒無常	○	○	○	○	○
7. 神經質（感覺到無法放鬆，無法平靜，感到煩躁）	○	○	○	○	○
8. 焦慮不安（感覺到恐慌）	○	○	○	○	○
9. 體力衰退／缺乏活力（整體功能的減退，減少活動力，對休閒活動缺乏興趣，感覺到力不從心、或是較少有成就感、或是必須勉強自己去從事某些活動）	○	○	○	○	○
10. 肌肉強度減少（感覺虛弱無力）	○	○	○	○	○
11. 憂鬱（感覺到難過、悲傷、想哭、快要掉眼淚，缺乏動力，情緒不穩定，感到沒有任何事情是有意義的）	○	○	○	○	○
12. 感覺已經過了人生的高峰期	○	○	○	○	○
13. 感覺到筋疲力盡，似乎掉進谷底一樣	○	○	○	○	○
14. 鬍鬚生長變得緩慢	○	○	○	○	○
15. 在性活動方面，能力及頻率減少	○	○	○	○	○
16. 早晨勃起的次數減少	○	○	○	○	○
17. 減少性欲／性衝動（對性沒有興趣，對性行為沒有欲望）	○	○	○	○	○

資料來源：德國 Heinemann 教授所發展的 AMS scale

7-3 中醫如何養精？

中國人自古以來根深柢固的觀念，認爲「不孝有三，無後爲大」，因此中醫自古來對生育有很清楚的描述，早在《黃帝內經》〈靈樞．決氣〉對男女的精卵受精長成胎兒，有很傳神的描述：「兩神相搏，合而成形。」說明原本兩個沒有生命的物質——精子跟卵子，在結合後，產生了微妙的變化，孕育出新生命。那個時候根本沒有染色體的說法，也不知道正常細胞的染色體是成對的，而精子跟卵子細胞裡是單套不成對的染色體，於是用「神」來形容。

《女科正宗》裡也說明要產生新生命的先決條件是男生要有強壯的精子，女性要有正常的月經：「男精壯而女經調，有子之道也。」前面也介紹很多女性即使有月經，也不見得是正常的情況，所以這裡的「經調」其實寓意很深。而「精壯」的條件，也不是現代醫學抽血驗睪固酮或取精檢驗精蟲的游速、型態、精液液化程度而已。現代醫學從各種不同的領域想揭開精卵受精成孕的祕密，發現卵子會散發訊息吸引精蟲，一旦精蟲進入卵子，又會對卵子發出啓動的信號，讓受精卵的單套染色體組成一對，並持續進行細胞分裂，持續分裂的細胞分化成功用不同的組織，最後形成一個完整的個體。這中間只要有一個環節出錯，就很容易讓這個個體無法成長，結束生育的過程。

〈素問．上古天眞論〉：「女子七歲，腎氣盛，齒更髮長；二七而天癸至，任脈通，太衝脈盛，月事以時下，故有子；三七腎氣平均，故眞牙生而長極；四七筋骨堅，髮長極，身體盛壯；五七，陽明脈衰，面始焦，髮始墮；六七，三陽脈衰於上，面皆焦，髮始白；七七，任脈虛，太衝脈衰少，天癸竭，地道不通，故形壞而無子也。丈夫八歲，腎氣實，髮長齒更；二八腎氣盛，天癸至，精氣溢瀉，陰陽和，故能有子；三八腎氣平均，故眞牙生而長極；四八，筋骨隆盛，肌肉滿壯；五八，腎氣衰，髮墮齒槁；六八，陽氣衰竭於上，面焦，髮鬢頒白；七八肝氣衰，筋不能動，天癸竭，精少腎臟衰，形體皆極……」

很清楚地說明了男女生理的差異，女生以 7 爲基數，十四歲有月經，二十一到二十八歲腎氣盛、筋骨健壯，適合生育；男生的發育比較慢，以 8 爲基數，十六歲以後才有生育的能力，到三十二歲都還是很強壯，只是四十歲以後腎氣也虛弱了，雖然一般人的認知睪丸像工廠，可以源源不斷地製造精蟲，歷史上也記載男性到很大的年紀仍可以娶少妻、生子。〈素問．上古天眞論〉中也有描述：「帝曰：夫道者年皆百數，能有子乎。歧伯曰：夫道者能卻老而全形，身年雖壽，能生子也。」說明遵循某些「生養之道」，是可以高齡有子的，延伸出了中醫養生、抗衰老的議題，也是爲什麼可以用中醫養卵、養精的道理。

現代醫學研究發現男性精蟲的品質隨著年齡增加而降低，台灣本土的研究也發現隨著年齡增加，精蟲品質明顯下降（請見【圖 7-3-1】）。高齡男性精蟲配對的受精卵，在體外試管培養發育成第五天囊胚的比例降低，也增加了流產、早產以及新生兒過動、自閉或情緒障礙、癌症發生的比例。所以呼籲男性朋友不要以爲精液檢查正常就是沒有問題，也不要覺得年紀不是問題，等事業成功再來找年輕的太太生小孩就好，還是及早把生育問題納入生涯規畫中。

【圖 7-3-1】

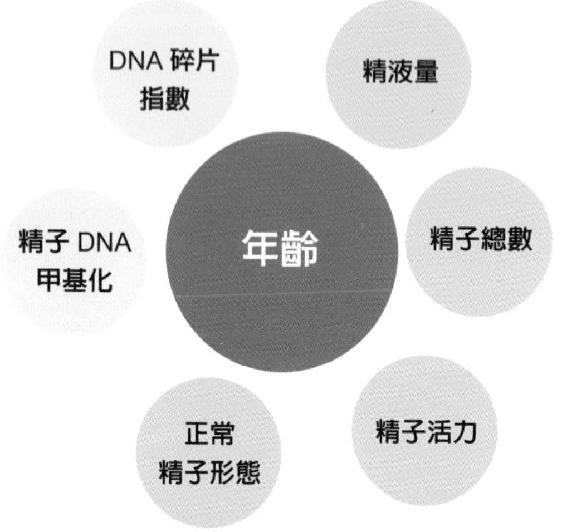

與年齡相關的精子質量變化，綠色為正關聯，橙色為負關聯

卵子與精蟲的結合力在單精蟲注射技術發展成熟後就乏人問津，而精蟲 DNA 碎片（Sperm DNA fragmentation, SDF）礙於現今的技術，只能用於研究用途，沒辦法在臨床上應用。所以男士們會有一種錯覺，大部分的男性不育症在現在的生殖泌尿技術下都可以被解決，除非體內一隻精蟲也沒有。這種精子品質和數量的問題，像卵子一樣，是可以在取精前透過一些治療來優化的，男士們要把握，好好打造優質的下一代。求子的過程中，女性往往承受比較多的壓力，

除了卵子的品質以外，還有未來十個月要把胚胎放在子宮裡好好養大，感覺上責任的確比較多。然而遺傳物質的DNA是父母雙方各貢獻一半，如果把全部的心力跟焦點放在女性身上，不只讓女性朋友在生育上承擔過多的壓力，也不符合優生的觀念。所以我非常鼓勵夫妻，不管是選擇自然受孕或是人工生殖療程受孕，一起調理身體，一起努力建構兩人共組的家庭。臨床上也發現，先生一起調理，先生的身體變好了，夫妻的感情也變好了，備孕的時程也縮短了，事半功倍、一舉數得。很多先生在太太懷孕後還是會回來就診，改善他們的腸胃不適、鼻過敏、蕁麻疹、睡眠，或是前一陣子常遇到回來尋求新冠確診後遺症的改善。中醫強調的是全人醫療，從「證」去看疾病，強調辨證論治。所以不分性別、年齡，先生看了對中醫產生認同，小孩感冒或有其他身體的問題，也會主動帶來看中醫，所以在診間常常看到一家一起掛號看診的情形。

古代有不少探討男性生育問題的文獻，礙於保守思想，情欲是隱諱的，導致大部分的記載流入房中術中，很難探討眞僞。清朝陳士鐸《石室秘錄．子嗣論》云：

> 「男子不能生子有六病，女子不能生子有十病。六病維何？一精寒也，一氣衰也，一痰多也，一相火盛也，一精少也。一氣鬱也……十病維何？一胎胞冷也，一脾胃寒也，一帶脈急也，一肝氣鬱也，一痰氣盛也，一相火旺也，一腎水衰也。一任督病也，一膀胱氣化不行也，一氣血虛而不能攝也……」

【圖 7-3-2】男女生殖內分泌軸

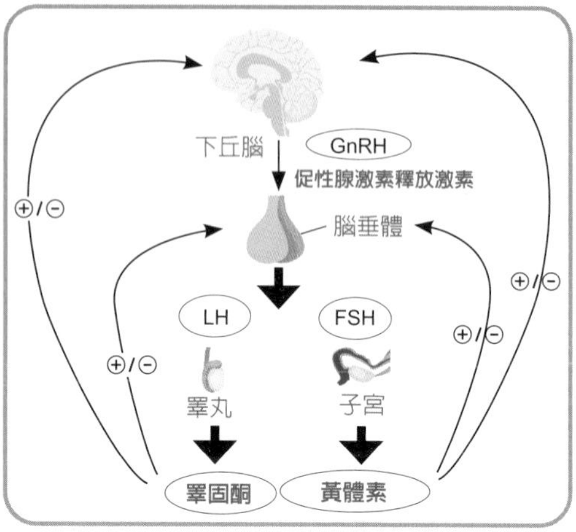

可見古人早就認識到男性在生育方面的問題，可以歸因於身體器質性問題層面，如精蟲品質、荷爾蒙內分泌異常、精索靜脈曲張、無精或寡精症等；和心理層面，勃起困難、射精障礙等；也有部分是因爲攝護腺炎、性病等因素，所幸的是身體器質性問題所佔的比例不多。男性的生殖荷爾蒙軸非常簡單，下視丘分泌促性腺激素，刺激腦下垂體分泌濾泡促進激素，黃體成長激素，FSH讓精子成熟，LH讓睪丸分泌睪固酮。先天睪固酮分泌不足引起不育的只有約3%，而且在青春期前就發生了。目前男性醫學會使用磷酸二脂酶第五型（PDE5），威而鋼、犀利士、樂威壯、賽倍達等，與睪固酮製劑耐必多、昂斯妥、耐他妥治療勃起障礙，然而跟女性下視丘－腦下垂體－卵巢軸一樣有負回饋的情形，一旦末端睪固酮、黃體素過高，會產生負回饋，反而使精蟲製造減少（請見【圖 7-3-2】）。雄性荷爾蒙低下固然會引起情欲低下，然而補充睪固酮卻無法幫助男性生育力的提升，而且抗憂鬱藥物的使用、壓力、心血管疾病、高泌乳激素血症、糖尿病、痛風、人際關係等都會導致男性提不起「性」趣。

所以中醫在治療男性不育症的看法就很多元，可以從先天不足的脾腎陽虛、肝腎陰虛、肺脾氣虛，精神壓力大的肝鬱氣滯，到前列腺炎引起的濕熱下注或氣滯血瘀，乃至於輕微精索靜脈曲張使用理氣活血化瘀等，從各種不同面向去幫助精蟲完成受精的任務（請見【表7-3-二】）。

【表7-3-1】

男性不孕證型分類

證型	症狀	舌質、脈象	治療方向
脾腎陽虛型	食欲不振、精神疲倦、手腳冷、大便稀、腰痠、下肢水腫、臉色蒼白	舌淡紅、舌苔白，脈沉而弱	健脾益氣，溫補腎陽
肝腎陰虛型	情緒急躁、腰膝痠軟、口乾、夜間容易醒來、性欲強	舌紅、苔薄白偏乾、脈細數	滋陰清虛熱，養心安神
肺脾氣虛型	容易疲倦、活動容易喘、身體腫脹、頻尿而且小便量多、稍微活動一下就出汗	舌淡紅、舌苔白，脈細弱	健脾、補益肺氣
肝鬱氣滯型	容易緊張、常嘆氣、胸悶、腸胃脹氣、胃酸逆流、晚上磨牙或驚醒	舌紅、舌苔薄白，脈弦細澀	疏肝理氣
濕熱下注型	口臭、嘴破、口乾舌燥、易怒、陰囊濕癢、小便黃味道臭、攝護腺炎	舌紅、舌苔白或黃膩，脈洪或滑數	清熱解毒
氣滯血瘀型	容易瘀青、頭痛、身體痠痛、鼠蹊部脹痛感、精索靜脈曲張、睪丸脹痛	舌質暗紅，舌尖有瘀點，舌下絡脈瘀張，脈細澀	理氣活血化瘀
痰濕內蘊	形體肥胖、容易疲勞、喉嚨有痰卡住、頭暈、精液稀薄	面色白、舌質淡紅、舌苔白或偏膩	燥濕化痰

7-4 好孕分享

案例

在好孕故事裡，偶爾穿插先生精蟲的問題，夫妻一起調理後懷孕的故事。

D小姐本身是多囊性卵巢症候群的個案，月經從來不準時報到，利用試管療程取卵受精，植入後生化懷孕兩次，二〇二二年四月第二次生化懷孕流產後，夫妻一起來到宜蘊中醫診所，問診的過程發現先生會有陰囊腫脹、鼠蹊部抽痛的狀況，精蟲活動力不足、精蟲型態異常，於是請先生到泌尿科診所評估，轉診新光醫院實施精索靜脈曲張手術。術後三個月的恢復期持續使用中藥調整精蟲品質；太太固定量基礎體溫，利用中藥調經。就在泌尿科檢查正常，太太的基礎體溫還沒規律就自然懷孕了！因爲基礎體溫在十月四日月經來潮前就開始出血，月經來潮時基礎體溫也沒有降低，而且十月底溫度一度下降，直到十一月十八日回診時，她說十一月

十六日出血驗孕後發現是懷孕了！（請見【圖7-4-2】）因爲妊娠剛開始時出血打安胎針後有止血，但是著床位置偏低，爲了想確定胚胎是否安全以及發育的週數，她當天到十五樓的禾馨宜蘊生殖中心照到囊胚，大概 5 週大小，推測十月十八日那時候受精的。因爲是自然受孕，出血情形在第一時間使用黃體跟中藥保胎後也沒有了，接下來兩週確認胚胎著床穩定、也有胎心音後，請她到婦產科定期產檢了。後續有妊娠嘔吐不適跟便秘的情形，也定期回診中醫，使用中藥幫忙改善。可見品質優良的健康精蟲對維持妊娠的重要性，也可以彌補太太多囊性卵巢症候群、荷爾蒙紊亂的不足。

【圖 7-4-1】

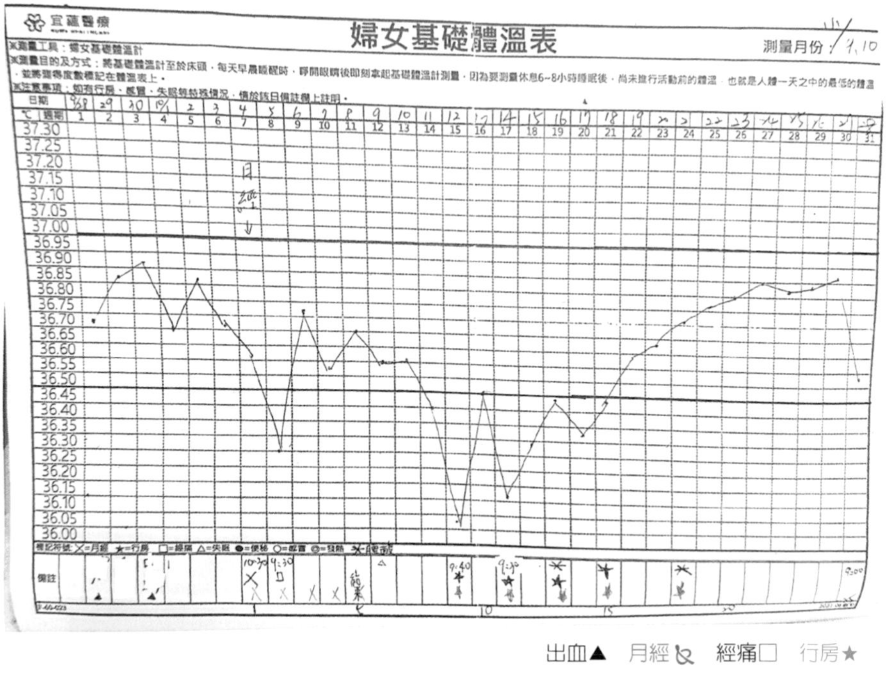

出血▲　月經　經痛□　行房★

D小姐夫妻也寫下他們的感言，勉勵求子路上的夫妻們別灰心失望：

在求子的路上不順利，經歷了將近三年的備孕人生，嘗試了兩次試管最後都流產失敗，那時候陷入了否定期。連續兩次的小產，身體需要調理，幸運的遇到了陳醫師，幫我調理好了身體，以及先生的精蟲活動力不足透過中藥調理，這次終於順利懷了兔寶寶！謝謝陳醫師，讓我們夫妻在求子路上撥雲見日。

【圖 7-4-2】

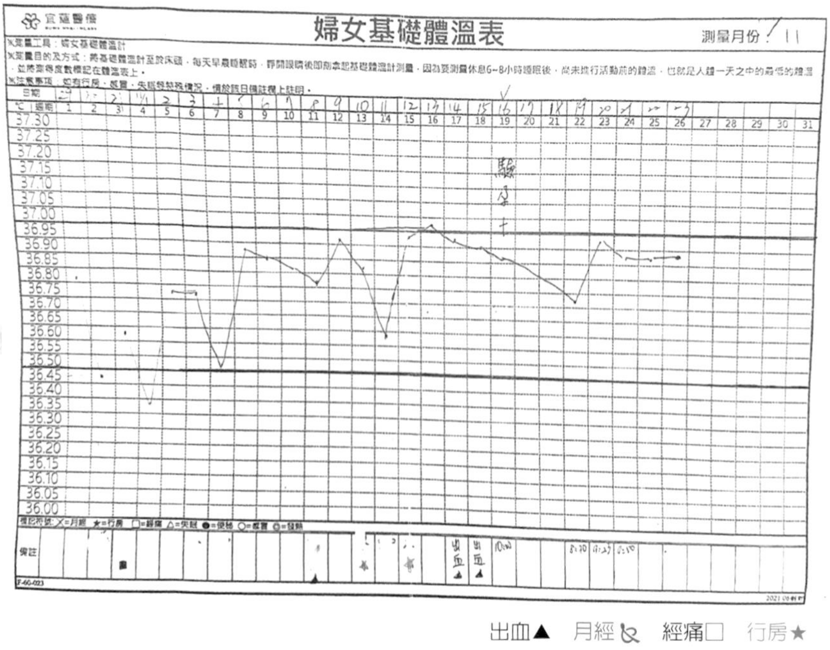

養精的調理除了中藥調理與治療外，其實可以從日常的作息與生活型態開始調整，例如精子其實不喜歡高溫的環境，如果我們常將手機筆電貼身接觸，或是喜歡穿著緊身褲子，都會讓睪丸的溫度上升，久坐也是喔。此外戒菸、戒酒、減少熬夜不只能養精，也對身體的整體健康狀態有幫助，飲食部分則建議減少加工食品與高油脂飲食，並多攝取優質蛋白、Omega-3、鋅跟中藥材。此外環境荷爾蒙、塑化劑的殺傷力很大，在門診的問診過程中發現很多男性都習慣買瓶裝水跟手搖飲，無形中攝取了過多的塑化劑。之前有位先生每天喝瓶裝飲料，請他改掉這習慣後，精蟲的質量整個提升，過三個月太太也順利懷孕了！鼓勵男性朋友自己帶杯子飲水，少喝飲料，不僅環保，更是爲自己的健康加分。

二〇二二年出版的《父產科》一書提到在生殖的領域裡，婦科過度強化，父體效應很少被討論，其實也應該要有「男科」。的確，站在優生的角度來看，男女各占一半的基因，各負一半的生育責任才對。卵子老化造成很多染色體異常的問題，導致無法順利懷有下一代；然而「精蟲老化」卻被嗤之以鼻，認爲精蟲可以不斷再生，書裡提到研究指出，「高齡父親與癌症、自閉症、心理疾病有關」，也建議不管男女生，都應該在四十歲以前完成生育的任務。

男性在生育方面有一些潛在的問題，例如男性在泌尿道感染上的症狀是非常輕微的，但卻可能造成太太極大的發炎反應；糖尿病、痛風、甲狀腺等新陳代謝問題用藥，會影響男性的生育力。因爲即使睪丸製造精蟲異常。仍然有前列腺液、儲精囊液，所以仍有射精功能，一般男性很難察覺自身是否異常。我在臨床的前幾年也發生過這種烏龍事件，很努力把太太的月經狀況調整得很好，結果先生檢查精液才發現是無精症！

也有不少的研究發現胚胎能不能繼續分裂與精蟲品質有很大的關係，所以只做精液檢查，對精蟲的結合力、DNA碎片卻往往忽略，把全部的心力跟焦點放在女性的卵子身上，然而卵子只貢獻了一半的遺傳物質給胚胎，而且卵子的數量無法爆發性的增加，造成女性朋友在生育上承擔更多的壓力。

中醫對精蟲品質、精液液化、勃起或射精障礙，乃至於前列腺炎都有一套治療的方法，也有顯著的療效。現在男性的生活壓力也很大，越來越多男性朋友可以接受透過中藥調整自己的生理、心理狀態。

必須承認中醫的治療還是有它的極限，例如沒有輸精管、還有一些造精異常器質性的問題，但是大部分「功能性」的問題，都很鼓勵夫妻一起進行中醫調理，努力打造優生的下一代！

Q&A

1. 先生吃了「龜鹿二仙膠」可以養精嗎？

龜鹿二仙膠大補陰陽氣血，各家組成炮製不同，如果先生是工作型態極爲忙碌且氣血虛的體質會有幫助；但若是其他體質例如心肝火旺、陰虛或濕熱體質，則不但沒有幫助，還會火上添油，產生其他副作用。

2. 如果先生喝滴雞精，可以養精嗎？

滴雞精適合體質虛弱、脾胃虛弱的人喝，不過滴雞精含鈉量多，易水腫、痛風、高血壓或腎臟功能不佳者慎用。

3. 先生可以做什麼／吃什麼來養精呢？

戒菸戒酒、少熬夜、定期紓壓、避免久坐、控制體重等。避免穿過緊的褲子，手機與筆電不要貼身接觸、少攝取加工肉品及高油脂飲食。

4. 先生「硬不起來」可以看中醫調理嗎？

可以，其實勃起障礙不一定是虛，所以不建議自行吃中藥補品，使用中藥還是要由中醫師評估體質。

5. 中醫可以解決先生「早洩」問題嗎？

可以，中醫來治療早洩有幾種方向，例如火旺、氣虛、氣滯、痰濕等，不一定是虛，所以不建議自行吃中藥補品。

6. 先生精蟲活動力不佳，可以靠中藥調理嗎？

可以，而且目前臨床效果大幅度改善的案例很多，精蟲數量也可以同時有大幅度改善。

7. 先生有「寡精症」，可以靠中藥調理嗎？

看寡精症的原因。精索靜脈屈張、感染等導致局部氣血不暢後天因素，可用中藥治療，改善效果很好。至於先天染色體異常的寡精症、甚至無精症，就無法。

8. 可以靠針灸養精嗎？

針灸針對局部氣血循環改善效果好，還可以改善經絡循行所過之臟腑，使得氣血通暢且著重在我們要治療的器官。

9. 素食者可以吃什麼養精呢？

因爲吃素容易攝取較少蛋白質，所以建議多吃蛋白質，黃豆、黑豆類及其相關製品。蛋奶素的牛奶、雞蛋也建議多吃。還有可以補充堅果類、綠色蔬菜及菇類。

10. 體重會影響精子品質嗎？可以吃中藥改善嗎？

體重過重或過輕都會影響精蟲品質。吃中藥可以改善脾胃功能，增加氣血循環，體重也較容易回到正常範圍。

Chapter 8

試管嬰兒療程
中西醫合作案例分享

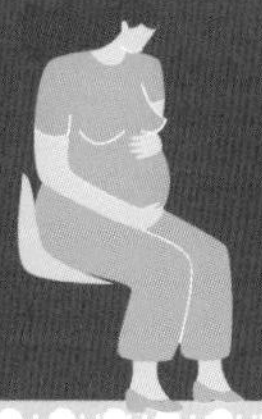

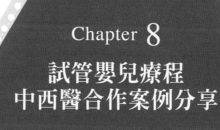

中西醫不孕症治療流程

我們從最一開始的體質認識，從自身出發，逐步了解不孕症常見的病症，並分享利用中醫調養，達到自然受孕的好孕故事。而進到中醫診間調理的不孕症個案中，除了希望透過中醫調養，養卵、養精、調經與調整內膜達成自然懷孕的目標，也有礙於傳統醫學的極限，必須借助試管嬰兒療程的個案，例如雙側輸卵管切除、無精或寡精症、希望篩選出優質胚胎避免遺傳性疾病的夫妻，這些族群的夫妻會利用中醫的角度切入調養體質與病症，加上生殖醫學的幫助，努力從不同方向做調整，來完成生育的使命。如果有下述情形，都可以評估是否在選擇準備進入試管嬰兒療程時，安排中醫調養治療並行：

1. 卵巢功能衰退，卵子數目過少，卵子品質異常
2. 精蟲數目、活動力、型態異常
3. 子宮內膜過薄
4. 高齡不孕
5. 子宮內膜異位症
6. 多囊性卵巢症候群
7. 反覆性流產

8. 免疫性不孕
9. 輸卵管阻塞
10. 反覆陰道感染

不論是否要進入試管嬰兒療程，中醫調養是可以長期陪伴在個案身邊，治療也許不需要很長的時間，但是中醫調養生息的概念，核心是希望每個人能找到身體的平衡，而身體的狀態與平衡則是隨時都會隨著年齡漸長、外在環境與心境改變而有所差異。

【表 8-1】

中西醫不孕症治療流程	
試管嬰兒療程階段	中醫調養項目
入療前	依照診斷體質，改善與調養，為受孕打下基礎。
取卵療程前	養卵、養精及增加卵巢對排卵藥劑的反應，改善卵子及精蟲品質，增加精卵受精率及提升胚胎品質。
取卵療程中	放鬆緊張情緒，提升取卵成功率。
植入前	養內膜，幫助改善子宮內膜、形態、厚度及增加子宮血流灌流。
植入後	改善子宮內膜容受性，提高胚胎著床和受孕機率。
懷孕後	滋養胚胎生長，預防流產。

卵巢早衰合併子宮內膜異位症：小青的故事

小青是經由禾馨宜蘊生殖中心台北院的沈孟勳副院長介紹來到我的診間，她是「子宮肌腺症」的患者，來診時已經四十歲，生完第一胎後身體狀況不好，睡眠品質也不好，遲遲無法受孕。經過檢查發現AMH只剩0.25，照超音波基礎濾泡不超過3顆時，就積極安排進入「試管療程」。AMH是卵巢庫存的指標，當數值小於等於1時，就表示卵巢已經開始有衰退的現象，後續可能會面臨停經、不排卵等狀況，如果到那個時候要在進入試管嬰兒療程，就需要透過捐卵協助了。

當時在試管療程在取完卵後，小青的子宮內膜一直無法增厚，因此沈孟勳醫師建議她先來中醫調整身體，養好內膜，幫胚胎準備一個良好的植入環境。後續也在服用兩個月中藥後，除了腸胃、睡眠都改善了，第三個週期的內膜也很漂亮。很順利的植入後，胚胎也乖乖地長大順利誕生了！

有時眞的不需要著急，壓力越大就越有可能影響到身體的狀況，幫身體找到平衡，替胚胎準備適合的植入環境更爲重要。現今的生殖技術非常進步，胚胎保存都是透過玻璃化冷凍方式，快速的降溫，降低過去冷凍技術對胚胎造成的影響。目前台灣解凍胚胎的懷孕率與活產率在統計上還比新鮮胚胎高，有凍卵凍胚的選擇，在療程規畫上，有更多彈性空間能依照個體的需求去安排。

與大家聊聊題外話，小青在生第二胎前的最後一次門診時，我跟她說感覺「泌尿道有點發炎」，囑咐她要多喝水。當時她說都沒有症狀，沒想到回去隔兩天就半夜頻尿、泌尿道發炎到婦產科求診了。很多個案在妊娠穩定之後，仍會定時回來，檢視自身跟胎兒的狀況，雖然沒有影像可以具體的看到寶寶的外觀，但是透過把脈跟問診，覺察一些平時忽略的小細節，也有不少的收穫！

其實胎兒本身對孕婦來說，其實也是一種異物，爲了不排斥胎兒，所以「孕婦的免疫力通常較低下」，再加上荷爾蒙影響，陰道菌叢不平衡，容易受感染，而感染後的症狀又不太明顯，感冒也不容易有發燒等反應。因此，孕媽咪要特別注意「不要去人多的地方」「多喝水」「多漱口」，以減少細菌滋生，避免感染！

多囊性卵巢症候群 & 巧克力囊腫：Z小姐的故事

Z小姐是媒體人，由於工作節奏快速，經常忙碌與作息不定，在備孕上也十分辛苦，當她在三十七歲時準備開始備孕至婦產科檢查，才發現是多囊性卵巢症候群，同時還併有巧克力囊腫（子宮內膜異位症長到卵巢）。

Z小姐當時AMH高達5.36，如同前面多囊性卵巢症候群篇章所說明，多囊的AMH數值高，但是常常伴有卵子品質不佳與排卵異常等情形，她也因多囊影響的經期不正常，由於月經週期不規則的關係，曾透過排卵試紙，安排同房沒有成功，後續也嘗試過兩次人工授精（IUI）也都以失敗收場。

回想Z小姐當初來到診間調理時，因基礎體溫不規則、高齡加上多囊、巧克力囊腫，要懷孕著實不容易，治療子宮內膜異位症的方式很多，但從生殖療程的需求，就必須把包含卵巢庫存、疾病臨床上的症狀，個案的年齡與病史的資訊都考量進來，與病人討論並安排適合的備孕計畫。在療程開始前與他們討論，就設立好治療方向：初期先透過中藥養卵，抓到月經週期的規則性後，直接進入試管療程。Z小姐來找我經過半年中醫調理後，期間來了三次月經，至禾馨宜蘊生殖中心找陳菁徽院長諮詢，於第四次月經後進入療程取卵，之後休息一個週期，休息期間利用中醫養內膜、調整子宮環境，幫助植入後順利懷孕，這次療程經過Z小姐的努力，一次就成功懷孕了！這也是中西醫合作的最佳模式，希望讓每位未來媽媽縮短備孕時間、減少妊娠失敗的挫折感。

同時這樣的模式能夠執行得這麼順利，有很大的功勞是Ｚ小姐十分配合療程安排，當時即使在疫情嚴峻的五到八月，依然規律回診一切按照約診的時程進行，沒有約診不到的紀錄。宜蘊中醫在二〇二一年二月試營運，感謝Ｚ小姐的信任與支持！調理半年後，她在二〇二一年八月取卵、十月植入，順利懷孕，並於二〇二二年七月寶寶足月生產！到寶寶雙滿月的時候，她送來了雙滿月禮盒跟兒子可愛的照片。

卵巢功能不佳與胰島素阻抗：小欣的故事

二〇二二年五月，小欣的兒子來到大千世界，某日她趁著先生有空，帶著兒子來診間相見歡，並做「產後檢查」。

小欣從二〇一九年開始在求子路上努力，在禾馨宜蘊生殖中心陳菁徽介紹下，於二〇二〇年中來中醫調養，但在調整過三個月後再做一次人工授精（IUI）還是失敗，於是開始認眞量基礎體溫，畢竟基礎體溫的量測，在求孕的門診中一直都是有效助孕的方針之一，是一個「既能了解自己身體」又近乎「0費用」的好方法。

由於她的卵巢功能不佳（AMH 0.46），又因「胰島素阻抗」體重控制困難，我建議先從「減輕體重」開始，又繼續看了半年還是沒辦法懷孕，體重也降不下來。不過這個情形在疫情爆發後，反而迎來一些變化。

因爲防疫不敢外食，小欣開始在家煮飯，由於纖維攝取變多、肉類量減少，也少了朋友聚餐，體重就慢慢往下減輕。八月疫情趨緩後，加上有政府生育補助，我鼓勵她再回陳菁徽院長門診進行試管療程，這次就順利懷孕了！

有趣的是，小欣懷孕以後因爲體質的改變，體重控制變得很簡單，皮膚狀況也變好了，常常是這樣的：雖然知道，好習慣可以讓生育的問題變簡單，但是來診朋友要眞的實踐「節制飲食、改變生活習慣、不熬夜、多運動」並不容易。

我總會換個角度說「現在就要開始做胎教，你不希望自己的孩子有什麼壞習慣，就從現在做起」，就會從另一個角度找到執行的動力了。回想起小欣的故事，還是備受鼓勵，因「胰島素阻抗」體重控制困難，但她憑藉堅定的「想當媽媽」信念，非常努力的改善飲食、運動、體重控制，加上「試管嬰兒擴大補助計畫」助她一臂之力，順利在三十八歲生日時當媽媽。

我們很難預期什麼時候會迎來所想要的結果，只能訂下目標後努力嘗試與執行，當環境與客觀條件改善時，變化逐漸地發生，就能往我們希望的方向前行。

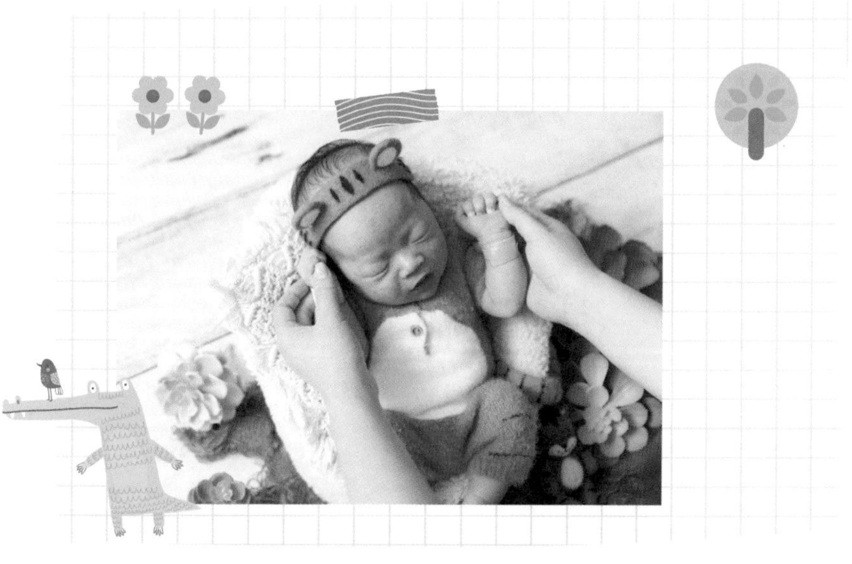

多囊性卵巢症候群，流產兩次，試管療程一舉成功：小蓓的故事

小蓓三十歲時因爲小產來做調理，原來多囊性卵巢的她一向月經不規則，懵懵懂懂就懷孕了，還來不及等胚胎長大就小產了。因爲年輕，我跟她說先把月經調規律，自然卵子品質好再來懷孕也不遲，半年左右她的月經週期規律了，也自然懷上baby，但胚胎仍然沒有發育又流產了。

她檢查了血液各項免疫數值，發現都是正常，而先生因爲年紀較長也較心急，又碰上試管嬰兒補助計畫，於是轉介到廖醫師門診進行試管嬰兒療程，經過一年的中藥調理，取到不少好的胚胎，也一次植入，順利懷孕。

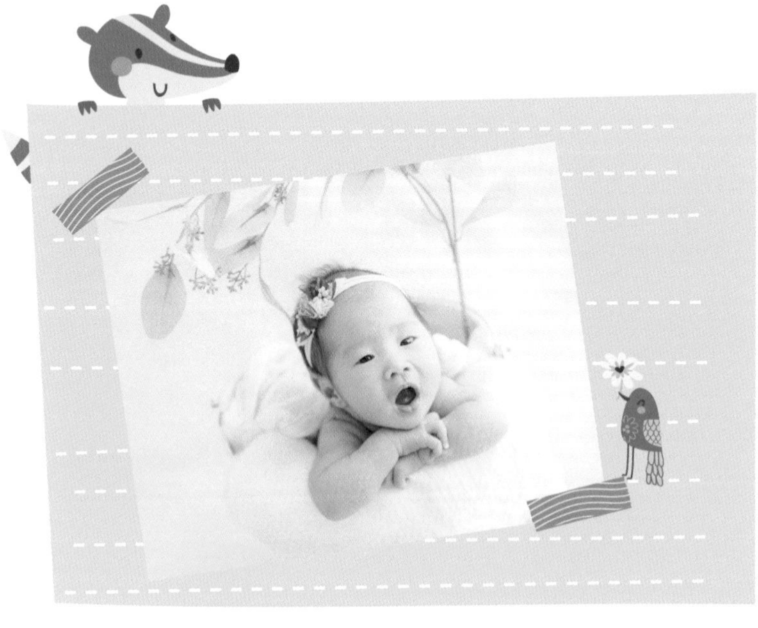

反覆流產、試管多次：小怡的故事

三十八歲的小怡結婚九年了，先前有過自然懷孕卻流產作收，之後陸續經歷人工授精與試管嬰兒療程也失敗。這次是做足功課，決定採用中西合併、雙管齊下的方式助孕，來到了禾馨宜蘊；也因爲人工、試管經歷豐富，直接訂立目標就是要養到囊胚作PGT-A（胚胎著床前染色體篩檢）。

雖然確立目標，但我們還是有很多事前準備，首先在取卵前透過中醫調養方式養卵，提升卵子品質後由機智女醫廖娸鈞醫師安排打針、取卵，再透過胚胎實驗室努力，培養出優質的囊胚，後續在植入階段，選用自然週期植入，藉由中醫針灸療法養內膜與抽血檢驗後估算出排卵的時間點後植入。

在七月植入，父親節那天開獎。因爲疫情

降溫，爸爸出國開會拚經濟，只能透過網路被告知晉升準父親！夫妻在開心領了媽媽手冊後，來到診間與我及跟廖娸鈞醫師一起合影，紀念這個令人喜悅的時刻。小怡今年母親節就升格當媽媽了，在生產前的回診也再次跟我和廖娸鈞醫師合影，祝福來禾馨宜蘊的未來媽媽們好孕氣！

仰賴凍胚技術成熟的幫助，中西合併助孕更是如虎添翼！取卵前一至三個週期，利用中藥及針灸幫助骨盆腔血液循環改善，養好健康且較多數量的卵子；取卵後利用三週左右的時間把內膜準備好植入，已經成爲標準化的一套流程，縮短未來媽媽 Time-to-pregnancy 的時間。

反覆性流產：小彤的故事

阮鳳儀在《美國女孩》戲裡最後一句母女的對話：「媽，你記不記得，小時候我問你下輩子最想當什麼動物？」「你回答說當男人？」這句話，眞的觸動了那個年代能力不錯的女性「內心深處那最不能碰觸的禁忌」吧？

小時候也會常常想「如果我是男生就……」甚至直到長大了，已結婚生子，還是不時有這樣的想法。雖說如此，我還是跟菩薩求了一個女兒，而且承諾絕對不讓她有這樣的念頭，因爲當女人、當媽媽其實是很驕傲、很偉大的！

小彤是我的「老患者」，不是因爲年紀，而是因爲就診的兩年來，她與孩子的緣分始終未到，期間懷孕了兩回，但總是淺著床，正向的她還安慰我道：「沒關係，做試管連生化懷孕都沒有，可以自然懷孕，驗到兩條線，已經是進步了！」

她也因爲有「反覆流產」的問題，二〇一九年底以後，約一年多的時間沒有回診，做了各項免疫檢查及試管療程。二〇二一年七月，她出現在宜蘊中醫診間時，聽她講述近兩年的經歷。因爲先前已經有一年的中醫治療，加上沈孟勳醫師的配合，在三方溝通流暢以及實驗室精湛的技術加持下，我們試出了「最佳中西組合治療方式」！

起先，我們發現小形的卵使用很大劑量的排卵藥刺激，數量跟成熟度都不好，運用雌激素、排卵藥、排卵針、中醫的藥水，都無法讓內膜變厚。經過兩次 trial and error（試誤法：經過不斷試驗，找出可以成功解決問題的解法），排列組合後，我們發現：

口服排卵藥＋補氣活血中藥粉：可以讓卵子養得很好。

針灸＋大劑量補氣的中藥：可以讓內膜長得很漂亮。

在實驗室過往的經驗，約有60%的早期流產，是因爲胚胎染色體異常，因此規畫：先取卵養到第五天做 PGT-A，再養內膜等待植入。在「胚胎著床前染色體篩檢」後，只有一顆基因正常的胚胎，經過兩個週期觀察，終於在過年前等到最適合的時間點植入。

沈醫師事後跟我說，因爲胚胎極度脆弱，她跟胚胎實驗室的技術長都很擔心，怕解凍後胚胎就瓦解了，無法植入。還好實驗室技術長映潔非常細心呵護（她眞的很有愛心，每天都會跟胚胎寶寶說話，給受精卵正面的能量加油長大。）

胚胎最終順利到達媽媽的子宮裡安穩的住下囉！進植入療程的那一天，剛好是我與小彤結識滿三年的紀念日，如此好的緣分收到了最美麗的禮物。

看到寶寶的心跳時，她跟我說，她的表姊妹全部都生女孩，他們家族的女性表現都很傑出，這個寶寶如果也是個女孩，有很多姊姊可以效仿。

是啊，男孩女孩都是媽媽心頭的一塊肉、都是很寶貴的生命！眞的要感謝小彤對我不離不棄，選擇來到宜蘊，也感恩禾馨宜蘊的超強生殖科與胚胎師團隊合作，攜手圓夢。

雙子宮合併多囊性卵巢症候群及卵巢巧克力囊腫，妊娠子癇前症高風險案例：Yin 的故事

Yin 也是個依循著中西醫結合步驟順利懷孕的艱困個案，她非常年輕，但是有多囊性卵巢症候群及卵巢巧克力囊腫的問題，沈孟勳醫師檢查時發現她雙子宮的特殊結構，先前流產了兩次，好不容易懷了女兒，但是妊娠期間高血壓，臥床安胎好不容易生下女兒。我們訂了目標，先養卵兩個月再取卵，接著改善內膜三個月後植入，鑒於第一胎的慘痛經驗，懷孕後仍持續中藥保胎。由於妊娠早期子癇前症評估屬高風險，而且早期就有宮縮腹痛的情形，她定期回診中醫，這次妊娠32週中晚期子癇前症暨胎盤功能檢測 sFlt-1/PlGF= 3.4（Soluble fms-like tyrosine kinase-1 Placenta Growth），每天可以正常生活、接送老大上下學，Yin 對這次妊娠期間的生活品質感到滿意，也分享她的好孕棉給其他備孕的媽媽。趕在二〇二二年結束前，Yin 的兒子平安順產囉，祝福他們闔家安康！

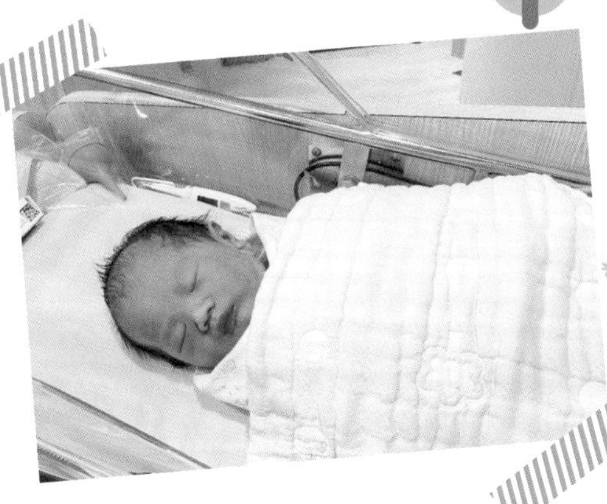

繼發性不孕症：小昀的故事

小昀是透過在這懷孕的同學們介紹來到門診，她的月經算規律，但是是個嚴重過敏王，集異位性皮膚炎、過敏性鼻炎、氣喘於一身，而且便祕嚴重，這些身體的不適影響了她的生活，再加上結婚準備懷孕，來到中醫調理身體。小昀做事很有決心，規律回診、固定量基礎體溫，門診三個月左右就順利的懷孕，生了女兒。女兒兩歲多，準備生老二時，努力了一年多，中間老公出國進修半年，她追隨老公到國外，還是沒有結果。回來台灣後，請她找二條線閨蜜陳菁徽醫師做檢查，才發現前胎剖腹產留下的疤痕積血。政府開始辦理不孕症治療（試管嬰兒）補助，夫妻痛下決心進行試管嬰兒療程，取卵狀況不錯，植入後一切都照著時程進行，羊膜穿刺跟羊水晶片檢查也正常，卻在高層次超音波時發現寶寶有唇顎裂的狀況（唇顎裂是胚胎發育時組織出了問題，與染色體異常無關，即使做了胚胎染色體檢查也無法得知），夫妻商量之後，決定還是想把這個上天賜與的天使生下來。弟弟非常爭氣，出生後身體狀況跟體重達標，出生三個月後進行第一次手術，現代的顏面重建技術非常厲害，不仔細看還看不出來，不是嗎？

四十七歲自身卵子試管成功：莊小姐

莊小姐跟先生愛情長跑逾二十年，年輕的時候沒有想過生育問題。到了四十一歲，突然想要小孩，她積極的到生殖中心做試管療程，剛開始不是很順利。四十五歲時透過朋友介紹來到北醫，找二條線閨蜜陳菁徽醫師跟我，夫妻藉由中醫養卵、養精，取得的胚胎做**PGT-A**檢測，篩選出優質胚胎；在等待胚胎染色體檢測報告的那段期間，利用中醫養內膜，打造黃金子宮，終於在四十六歲前植入成功！雖然懷孕期間還是會有噁心、小出血等插曲，但是爲母則強，由禾馨林思宏醫師的照護、接生，自然生產的方式迎接寶貝小樂開的到來！

行醫二十多年，每每看到歷經千辛萬苦抱到寶寶時的喜悅與眼淚，都還是令人動容，診間其實會有許多成功懷孕的準媽媽來回診，對於來我們診備孕的夫妻，我的角色有時都像個媽媽一樣，陪伴她們走過生命中的一段路程，用我過往二十多年的經驗，盡我的職責，苦口婆心的勸告，哪些路不要走、哪些路可以讓您順利些。也歡迎媽媽們把這裡當作第二個娘家，在身心靈不平衡時，回來淨化、調整一下！

我相信擁有孩子是早晚的事，孩子長大也是必然的。同樣的，跟養孩子一樣，有的願意聽話、有的覺得自己摸索就好；有的夫妻會願意配合，但也有很多夫妻很有自己的想法，我們都能夠逐步地摸索，找到彼此適合且願意執行的作法。

中醫十分重視找到身體的平衡，找到舒適的狀態，當然我們的備孕路途與人生規畫也是，在不同的時間點與條件下，願意付出哪些努力與時間，去換得我們期盼已久的結果。又或是在客觀條件不佳的情形下，願不願意給自己放鬆的時間與空間，耐心調養等待下一次機會的到來，每個人所遭遇的病症可能都有些相似，細節卻又有所不同，但能確定的是每個來到診間的人與正在閱讀這本書的你，都是有著一個屬於自己最獨特的人生，也期望中醫調養哲學，能夠陪伴你走過不同人生階段。

後記

給即將進入更年期的我及在青春期的兩個孩子

我很喜歡中學時期英文課本裡的一首詩

〈The road not taken〉Robert Frost　〈未選擇的路〉——羅伯特・弗羅斯特

Two roads diverged in a yellow wood,　黃樹林中分出兩條路，
And sorry I could not travel both. …　可惜我不能同時涉足。

And both that morning equally lay　那天清晨，兩條路在我眼前，
In leaves no step had trodden black.　路面被落葉覆蓋，不曾沾染過他人足跡。
Oh, I kept the first for another day!　噢，我把第一條路留待他日！
Yet knowing how way leads on to way,　然而我深知道路綿延，
I doubted if I should ever come back.　恐怕我再也難以重返。

I shall be telling this with a sigh　我將嘆息著敘說
Somewhere ages and ages hence:　在多年後的某地
Two roads diverged in a wood, and I—　說我曾行經樹林某條岔路，而我——
I took the one less traveled by,　選了一個人跡罕至的，
And that has made all the difference.　讓一切變得截然不同。

人生很多時候都必須做抉擇，而在那當下，我們一定認爲做的是最好的決定，在古典物理的世界裡，每個人的時間都一樣多，一旦做了選擇，就要勇於承擔這個決定的後果。這個在「生育」的課題中，更是重要！因爲青春一去不復返啊！記得三十二歲懷兒子的時候，也同時考上研究所，能繼續受教育對自我實現當然是更邁進一步，但是我也知道已經到了哺育孩子的年齡了，孩子的成長只有這麼一次，我不想錯過。於是毅然決然休學，夫妻一起帶孩子在台北生活。期間經歷公公生病在呼吸照護病房兩年多、生老二、小姑淋巴癌，在照護者與病患家屬的角色中不知不覺過了十年。繞了一圈，終於在兒子進入國中、女兒小三的時候，再度進到校園當研究生，所學能夠落實到所用，是這份工作最吸引我的地方，每天都開心地忙碌著！

看著正値青春期的這對兒女，我試著去理解孩子的行爲，畢竟我也曾經經歷過那段可以任意揮霍時間的人生階段，看似不用付出成本、用不完的時間：四處閒晃、看表演展覽；換成現在

青少年的活動，打電玩、看抖音，在群組中聊天，不同的世代，用不同的方式探索世界。從心急你們的未來、心疼你們的時間，希望你們能積極、有企圖心一點，到現在放手、當你們的朋友，這中間的心境轉折，只有經歷過的人才能明瞭。今年的過年，即使寒輔、寒訓請假，我們還是到日本家庭旅行，我也下定決心這次要下場滑雪，第一、二天適應滑雪板、練習基本煞車，第三天眞的坐上纜車跟你們一起滑下來。青春期叛逆的你們，叮嚀一下就靜靜地在我身後跟著滑，也不會在我失速的時候大叫、下指導棋，但是在我跌倒時，你們兩個很有默契一後一側地來到我旁邊，看看有沒有什麼需要幫忙，很有耐性地等我爬起身。頓時，我知道爲什麼兒子會說「媽媽，你的愛太灼熱了，把我燙傷了」，原來關愛也是要有距離、讓彼此保有自我的！謝謝你們來當我的孩子，讓我有機會體會更多不同的生活型態，更包容地看待事情！

就像詩裡說的，人生到處都得做選擇，至於那些可能必須夫妻倆攜手共度一生，沒有孩子走到兩人世界的伴侶們，眞的需要因此抱憾終生嗎？我分享過《不當媽會怎樣？》這本書，在我來看，選擇生不生小孩跟選擇婚姻或單身、選擇 A 工作或 B 工作一樣，走不同的路總有不同的風景，少了哺育、照顧小孩的責任與時間的花費，相對的在事業上或興趣的培養上可以有更多的著墨，也是不同的收穫，不一定要當它是個缺憾。

只是在生涯規畫上，如果眞的想要有家庭、希望擁有自己的孩子，就要把生育計畫往前挪，不要等到事業有成、接近中年了才想到要生孩子，如果眞的時不我予，或身體的狀態不適合懷孕，也可以藉由領養孩子來達成當父母的心願。現在女性對生育保存有更好的選擇，可以在年輕時將自己的卵子冷凍保存，將來有需要的時候，透過人工生殖技術，擁有孩子。

中醫對於生育的觀念是比較隨緣順天的，機緣到了，孩子就會來找我們，沒有緣分，刻意去強求不見得會得到想要的結果。不管如何，抱著「有緣來相聚」，珍惜每段相聚的緣分，創造更多的善緣，讓人間充滿正能量，是我一直努力的方向。

體質檢測答案卡

	健康平和型	陰虛火旺型	肝鬱氣滯型	氣血兩虛型	濕熱內蘊型	血瘀型
第 1 題	1	2	3	4	5	6
①	○	○	○	○	○	○
②	○	○	○	○	○	○
③	○	○	○	○	○	○
④	○	○	○	○	○	○
第 2 題	1	2	3	4	5	6
①	○	○	○	○	○	○
②	○	○	○	○	○	○
③	○	○	○	○	○	○
④	○	○	○	○	○	○
第 3 題	1	2	3	4	5	6
①	○	○	○	○	○	○
②	○	○	○	○	○	○
③	○	○	○	○	○	○
④	○	○	○	○	○	○
第 4 題	1	2	3	4	5	6
①	○	○	○	○	○	○
②	○	○	○	○	○	○
③	○	○	○	○	○	○
④	○	○	○	○	○	○
第 5 題	1	2	3	4	5	6
①	○	○	○	○	○	○
②	○	○	○	○	○	○
③	○	○	○	○	○	○
④	○	○	○	○	○	○
⑤	○	○	○	○	○	○
第 6 題	1	2	3	4	5	6
①	○	○	○	○	○	○
②	○	○	○	○	○	○
③	○	○	○	○	○	○
④	○	○	○	○	○	○
第 7 題	1	2	3	4	5	6
①	○	○	○	○	○	○
②	○	○	○	○	○	○
③	○	○	○	○	○	○
④	○	○	○	○	○	○
⑤	○	○	○	○	○	○

第 8 題	1	2	3	4	5	6
①	○	○	○	○	○	○
②	○	○	○	○	○	○
③	○	○	○	○	○	○
④	○	○	○	○	○	○
⑤	○	○	○	○	○	○
第 9 題	1	2	3	4	5	6
①	○	○	○	○	○	○
②	○	○	○	○	○	○
③	○	○	○	○	○	○
④	○	○	○	○	○	○
⑤	○	○	○	○	○	○
⑥	○	○	○	○	○	○
第 10 題	1	2	3	4	5	6
①	○	○	○	○	○	○
②	○	○	○	○	○	○
③	○	○	○	○	○	○
④	○	○	○	○	○	○
⑤	○	○	○	○	○	○
⑥	○	○	○	○	○	○
第 11 題	1	2	3	4	5	6
①	○	○	○	○	○	○
②	○	○	○	○	○	○
③	○	○	○	○	○	○
第 12 題	1	2	3	4	5	6
①	○	○	○	○	○	○
②	○	○	○	○	○	○
③	○	○	○	○	○	○
④	○	○	○	○	○	○
⑤	○	○	○	○	○	○
⑥	○	○	○	○	○	○
總計						

體質檢測答案卡

	健康平和型	陰虛火旺型	肝鬱氣滯型	氣血兩虛型	濕熱内蘊型	血瘀型
第 1 題	1	2	3	4	5	6
①	○	○	○	○	○	○
②	○	○	○	○	○	○
③	○	○	○	○	○	○
④	○	○	○	○	○	○
第 2 題	1	2	3	4	5	6
①	○	○	○	○	○	○
②	○	○	○	○	○	○
③	○	○	○	○	○	○
④	○	○	○	○	○	○
第 3 題	1	2	3	4	5	6
①	○	○	○	○	○	○
②	○	○	○	○	○	○
③	○	○	○	○	○	○
④	○	○	○	○	○	○
第 4 題	1	2	3	4	5	6
①	○	○	○	○	○	○
②	○	○	○	○	○	○
③	○	○	○	○	○	○
④	○	○	○	○	○	○
第 5 題	1	2	3	4	5	6
①	○	○	○	○	○	○
②	○	○	○	○	○	○
③	○	○	○	○	○	○
④	○	○	○	○	○	○
⑤	○	○	○	○	○	○
第 6 題	1	2	3	4	5	6
①	○	○	○	○	○	○
②	○	○	○	○	○	○
③	○	○	○	○	○	○
④	○	○	○	○	○	○
第 7 題	1	2	3	4	5	6
①	○	○	○	○	○	○
②	○	○	○	○	○	○
③	○	○	○	○	○	○
④	○	○	○	○	○	○
⑤	○	○	○	○	○	○

第 8 題	1	2	3	4	5	6
①	○	○	○	○	○	○
②	○	○	○	○	○	○
③	○	○	○	○	○	○
④	○	○	○	○	○	○
⑤	○	○	○	○	○	○
第 9 題	1	2	3	4	5	6
①	○	○	○	○	○	○
②	○	○	○	○	○	○
③	○	○	○	○	○	○
④	○	○	○	○	○	○
⑤	○	○	○	○	○	○
⑥	○	○	○	○	○	○
第 10 題	1	2	3	4	5	6
①	○	○	○	○	○	○
②	○	○	○	○	○	○
③	○	○	○	○	○	○
④	○	○	○	○	○	○
⑤	○	○	○	○	○	○
⑥	○	○	○	○	○	○
第 11 題	1	2	3	4	5	6
①	○	○	○	○	○	○
②	○	○	○	○	○	○
③	○	○	○	○	○	○
第 12 題	1	2	3	4	5	6
①	○	○	○	○	○	○
②	○	○	○	○	○	○
③	○	○	○	○	○	○
④	○	○	○	○	○	○
⑤	○	○	○	○	○	○
⑥	○	○	○	○	○	○
總計						

體質檢測答案卡

	健康平和型	陰虛火旺型	肝鬱氣滯型	氣血兩虛型	濕熱內蘊型	血瘀型
第 1 題	1	2	3	4	5	6
①	○	○	○	○	○	○
②	○	○	○	○	○	○
③	○	○	○	○	○	○
④	○	○	○	○	○	○
第 2 題	1	2	3	4	5	6
①	○	○	○	○	○	○
②	○	○	○	○	○	○
③	○	○	○	○	○	○
④	○	○	○	○	○	○
第 3 題	1	2	3	4	5	6
①	○	○	○	○	○	○
②	○	○	○	○	○	○
③	○	○	○	○	○	○
④	○	○	○	○	○	○
第 4 題	1	2	3	4	5	6
①	○	○	○	○	○	○
②	○	○	○	○	○	○
③	○	○	○	○	○	○
④	○	○	○	○	○	○
第 5 題	1	2	3	4	5	6
①	○	○	○	○	○	○
②	○	○	○	○	○	○
③	○	○	○	○	○	○
④	○	○	○	○	○	○
⑤	○	○	○	○	○	○
第 6 題	1	2	3	4	5	6
①	○	○	○	○	○	○
②	○	○	○	○	○	○
③	○	○	○	○	○	○
④	○	○	○	○	○	○
第 7 題	1	2	3	4	5	6
①	○	○	○	○	○	○
②	○	○	○	○	○	○
③	○	○	○	○	○	○
④	○	○	○	○	○	○
⑤	○	○	○	○	○	○
第 8 題	1	2	3	4	5	6
①	○	○	○	○	○	○
②	○	○	○	○	○	○
③	○	○	○	○	○	○
④	○	○	○	○	○	○
⑤	○	○	○	○	○	○
第 9 題	1	2	3	4	5	6
①	○	○	○	○	○	○
②	○	○	○	○	○	○
③	○	○	○	○	○	○
④	○	○	○	○	○	○
⑤	○	○	○	○	○	○
⑥	○	○	○	○	○	○
第 10 題	1	2	3	4	5	6
①	○	○	○	○	○	○
②	○	○	○	○	○	○
③	○	○	○	○	○	○
④	○	○	○	○	○	○
⑤	○	○	○	○	○	○
⑥	○	○	○	○	○	○
第 11 題	1	2	3	4	5	6
①	○	○	○	○	○	○
②	○	○	○	○	○	○
③	○	○	○	○	○	○
第 12 題	1	2	3	4	5	6
①	○	○	○	○	○	○
②	○	○	○	○	○	○
③	○	○	○	○	○	○
④	○	○	○	○	○	○
⑤	○	○	○	○	○	○
⑥	○	○	○	○	○	○
總計						

體質檢測答案卡

	健康平和型	陰虛火旺型	肝鬱氣滯型	氣血兩虛型	濕熱內縕型	血瘀型
第 1 題	1	2	3	4	5	6
①	○	○	○	○	○	○
②	○	○	○	○	○	○
③	○	○	○	○	○	○
④	○	○	○	○	○	○
第 2 題	1	2	3	4	5	6
①	○	○	○	○	○	○
②	○	○	○	○	○	○
③	○	○	○	○	○	○
④	○	○	○	○	○	○
第 3 題	1	2	3	4	5	6
①	○	○	○	○	○	○
②	○	○	○	○	○	○
③	○	○	○	○	○	○
④	○	○	○	○	○	○
第 4 題	1	2	3	4	5	6
①	○	○	○	○	○	○
②	○	○	○	○	○	○
③	○	○	○	○	○	○
④	○	○	○	○	○	○
第 5 題	1	2	3	4	5	6
①	○	○	○	○	○	○
②	○	○	○	○	○	○
③	○	○	○	○	○	○
④	○	○	○	○	○	○
⑤	○	○	○	○	○	○
第 6 題	1	2	3	4	5	6
①	○	○	○	○	○	○
②	○	○	○	○	○	○
③	○	○	○	○	○	○
④	○	○	○	○	○	○
第 7 題	1	2	3	4	5	6
①	○	○	○	○	○	○
②	○	○	○	○	○	○
③	○	○	○	○	○	○
④	○	○	○	○	○	○
⑤	○	○	○	○	○	○
第 8 題	1	2	3	4	5	6
①	○	○	○	○	○	○
②	○	○	○	○	○	○
③	○	○	○	○	○	○
④	○	○	○	○	○	○
⑤	○	○	○	○	○	○
第 9 題	1	2	3	4	5	6
①	○	○	○	○	○	○
②	○	○	○	○	○	○
③	○	○	○	○	○	○
④	○	○	○	○	○	○
⑤	○	○	○	○	○	○
⑥	○	○	○	○	○	○
第 10 題	1	2	3	4	5	6
①	○	○	○	○	○	○
②	○	○	○	○	○	○
③	○	○	○	○	○	○
④	○	○	○	○	○	○
⑤	○	○	○	○	○	○
⑥	○	○	○	○	○	○
第 11 題	1	2	3	4	5	6
①	○	○	○	○	○	○
②	○	○	○	○	○	○
③	○	○	○	○	○	○
第 12 題	1	2	3	4	5	6
①	○	○	○	○	○	○
②	○	○	○	○	○	○
③	○	○	○	○	○	○
④	○	○	○	○	○	○
⑤	○	○	○	○	○	○
⑥	○	○	○	○	○	○
總計						

體質檢測答案卡

	健康平和型	陰虛火旺型	肝鬱氣滯型	氣血兩虛型	濕熱內蘊型	血瘀型
第 1 題	1	2	3	4	5	6
①	○	○	○	○	○	○
②	○	○	○	○	○	○
③	○	○	○	○	○	○
④	○	○	○	○	○	○
第 2 題	1	2	3	4	5	6
①	○	○	○	○	○	○
②	○	○	○	○	○	○
③	○	○	○	○	○	○
④	○	○	○	○	○	○
第 3 題	1	2	3	4	5	6
①	○	○	○	○	○	○
②	○	○	○	○	○	○
③	○	○	○	○	○	○
④	○	○	○	○	○	○
第 4 題	1	2	3	4	5	6
①	○	○	○	○	○	○
②	○	○	○	○	○	○
③	○	○	○	○	○	○
④	○	○	○	○	○	○
第 5 題	1	2	3	4	5	6
①	○	○	○	○	○	○
②	○	○	○	○	○	○
③	○	○	○	○	○	○
④	○	○	○	○	○	○
⑤	○	○	○	○	○	○
第 6 題	1	2	3	4	5	6
①	○	○	○	○	○	○
②	○	○	○	○	○	○
③	○	○	○	○	○	○
④	○	○	○	○	○	○
第 7 題	1	2	3	4	5	6
①	○	○	○	○	○	○
②	○	○	○	○	○	○
③	○	○	○	○	○	○
④	○	○	○	○	○	○
⑤	○	○	○	○	○	○

第 8 題	1	2	3	4	5	6
①	○	○	○	○	○	○
②	○	○	○	○	○	○
③	○	○	○	○	○	○
④	○	○	○	○	○	○
⑤	○	○	○	○	○	○
第 9 題	1	2	3	4	5	6
①	○	○	○	○	○	○
②	○	○	○	○	○	○
③	○	○	○	○	○	○
④	○	○	○	○	○	○
⑤	○	○	○	○	○	○
⑥	○	○	○	○	○	○
第 10 題	1	2	3	4	5	6
①	○	○	○	○	○	○
②	○	○	○	○	○	○
③	○	○	○	○	○	○
④	○	○	○	○	○	○
⑤	○	○	○	○	○	○
⑥	○	○	○	○	○	○
第 11 題	1	2	3	4	5	6
①	○	○	○	○	○	○
②	○	○	○	○	○	○
③	○	○	○	○	○	○
第 12 題	1	2	3	4	5	6
①	○	○	○	○	○	○
②	○	○	○	○	○	○
③	○	○	○	○	○	○
④	○	○	○	○	○	○
⑤	○	○	○	○	○	○
⑥	○	○	○	○	○	○
總計						

國家圖書館出版品預行編目資料

備孕聖經：中醫教你養卵、養精、養子宮／陳玉娟 著.
-- 初版. -- 臺北市：如何出版社有限公司，2023.06
224 面；17×23公分. --（Happy Family；89）
ISBN 978-986-136-655-5(平裝）

1. CST：懷孕 2. CST：婦女健康 3. CST：中醫

429.12 112001860

Eurasian Publishing Group
圓神出版事業機構
用心與你對話．視野無限寬廣
如何出版社
Solutions Publishing

www.booklife.com.tw reader@mail.eurasian.com.tw

Happy Family 089

備孕聖經：中醫教你養卵、養精、養子宮

作　　者／宜蘊中醫陳玉娟院長
發 行 人／簡志忠
出 版 者／如何出版社有限公司
地　　址／臺北市南京東路四段50號6樓之1
電　　話／（02）2579-6600．2579-8800．2570-3939
傳　　真／（02）2579-0338．2577-3220．2570-3636
副 社 長／陳秋月
副總編輯／賴良珠
專案企畫／賴真真
責任編輯／柳怡如
校　　對／陳玉娟．洪沛蓁．柳怡如．張雅慧
美術編輯／李家宜
行銷企畫／陳禹伶．朱智琳
印務統籌／劉鳳剛．高榮祥
監　　印／高榮祥
排　　版／陳采淇
經 銷 商／叩應股份有限公司
郵撥帳號／18707239
法律顧問／圓神出版事業機構法律顧問　蕭雄淋律師
印　　刷／龍岡數位文化股份有限公司
2023年6月 初版

定價 420 元　ISBN 978-986-136-6555
版權所有．翻印必究
◎本書如有缺頁、破損、裝訂錯誤，請寄回本公司調換
Printed in Taiwan